HUANGHUACAI ZAIPEI

黄花菜栽培

张清云 陈志雄 黄 奎 主编

黄河出版传媒集团
阳 光 出 版 社

图书在版编目（CIP）数据

黄花菜栽培 / 张清云，陈志雄，黄奎主编. -- 银川 : 阳光出版社，2024. 9. -- ISBN 978-7-5525-7474-6

Ⅰ. S644.3

中国国家版本馆CIP数据核字第2024V0V777号

黄花菜栽培　　张清云 陈志雄 黄奎 主编

责任编辑　金小燕
封面设计　王　烨
责任印制　岳建宁

黄河出版传媒集团
阳光出版社　出版发行

出 版 人　薛文斌
地　　址　宁夏银川市北京东路139号出版大厦（750001）
网　　址　http://ssp.yrpubm.com
网上书店　http://shop129132959.taobao.com
电子信箱　yangguangchubanshe@163.com
邮购电话　0951-5047283
经　　销　全国新华书店
印刷装订　宁夏凤鸣彩印广告有限公司
印刷委托书号　（宁）0030333

开　　本　710 mm × 1000 mm　1/16
印　　张　10.25
字　　数　180千字
版　　次　2024年9月第1版
印　　次　2024年9月第1次印刷
书　　号　ISBN 978-7-5525-7474-6
定　　价　68.00元

前言 Preface

为推进黄花菜产业高质量发展，助力乡村振兴，宁夏农林科学院林业与草地生态研究所、红寺堡区职业技术学校、宁夏一山科技有限公司联合编写了《黄花菜栽培》。本书可作为农林院校相关专业的教材，也可作为黄花菜相关产业企业、种植户的参考用书。

黄花菜俗称金针菜，是一种食花类植物，在我国黄河、长江流域已有几千年的栽培历史。我国是黄花菜种质资源最丰富的国家，也是黄花菜种植面积最大的国家，黄花菜产业已经成为乡村振兴的支柱产业。

《黄花菜栽培》主要涵盖六大模块内容。陈志雄、姬全禧负责编写的《概述》模块，全面介绍黄花菜的基本特性、历史渊源、产业地位等，构建整体认知框架。黄奎主笔，刘永海、杨明明协助编写的《黄花菜整地施肥》模块，详细阐述地块准备与肥料施用的科学方法和要点，为黄花菜生长提供基础保障。陈芳、谢彬负责编写的《黄花菜种苗》模块，侧重于种苗的选育、培育等知识与技术，助力优质种苗繁育。孙建波、于涵负责编写的《黄花菜田间管理技术》模块，深入探讨种植到收获期间的各项田间管理举措。段娟主笔，沈露协助编写的《黄花菜病虫害防治》模块，针对病虫害的种类、特征及有效防治手段展开讲解，保障黄花菜健康生长。李亮、安克武、王冠霖负责《黄花菜的生产管理》模块的编写，深入介绍黄花菜加工技术。张清云负责整体协调与审核，协同郭生虎、王娅丽、马聪等统稿，确保内容的专业性、准确性与连贯性。

本书采用模块—项目—任务模式，巧妙地将理论知识学习与实训操作有机融合，使学生在实践过程中不断巩固，深化基础知识，达到理论、实践与思考相互促进、共同提升的教学目标，以培养适应黄花菜产业发展需求的专业人才。

由于编写者理论水平和实践范围有限，书中的不足之处在所难免，敬请读者批评指正。

编者

2024 年 9 月

目录
Contents

模块一　概述　/001

项目一　黄花菜的品种分布　/001

任务一　黄花菜的分布区域　/001

任务二　黄花菜的品种　/005

项目二　黄花菜的生物学特性　/008

任务一　黄花菜生物学特性　/008

任务二　黄花菜生长条件　/015

练习思考题　/017

模块二　黄花菜整地施肥　/019

项目一　整地　/019

任务一　地块选择　/019

任务二　整地实施要点　/021

项目二　施肥消毒　/024

任务一　土壤消毒的操作　/024

任务二　基肥的实施要点　/029

项目三　实训　/032

实训一　土壤的 pH 值测定　/032

实训二　腐熟堆肥　/036

练习思考题　/039

模块三　黄花菜种苗　/041

项目一　品种选择　/041

任务　选种育苗　/041

项目二　黄花菜种苗繁育技术　/044

任务一　生产性种苗繁殖　/044

任务二　研究性种苗繁育　/047

任务三　种苗和土壤消毒　/051

项目三　实训　/054

实训一　切片繁殖育苗　/054

实训二　芽块繁殖育苗　/056

练习思考题　/057

模块四　黄花菜田间管理技术　/059

项目一　田间管理　/059

任务一　黄花菜栽培技术　/059

任务二　黄花菜休眠期管理　/062

项目二　灌溉水和排水　/064

任务一　黄花菜灌溉技术　/064

任务二　黄花菜排水技术　/071

任务三　合理灌溉　/074

项目三　追肥　/076
任务一　追肥肥料类型　/076
任务二　黄花菜追肥技术　/080
项目四　中耕除草　/081
任务一　中耕除草的操作技术　/081
任务二　中耕除草的设备　/084
项目五　实训　/086
实训一　黄花菜栽植操作　/086
实训二　土壤水分检测　/087
练习思考题　/089
模块五　黄花菜病虫害防治　/091
项目一　病虫害的防治　/091
任务一　病害的防治技术　/091
任务二　虫害的防治技术　/097
项目二　农药使用　/100
任务一　合理使用病害农药　/100
任务二　合理使用虫害农药　/103
项目三　实训　/106
实训　农药稀释技术　/106
练习思考题　/111

模块六　黄花菜的生产管理　/113

项目一　黄花菜的采收管理　/113

任务一　黄花菜的采收分拣　/113

任务二　鲜黄花菜的加工贮藏　/116

项目二　黄花菜的制干　/120

任务一　黄花菜的制干预处理　/120

任务二　黄花菜的制干技术　/123

任务三　黄花菜新产品的加工　/126

项目三　实训　/129

实训一　黄花菜的检测分级　/129

实训二　水分检测　/131

实训三　总酸的测定　/133

实训四　二氧化硫含量的测定　/136

实训五　黄花菜的农药残留检测　/139

练习思考题　/141

练习思考题参考答案　/143

参考文献　/149

附录

附录 1　黄花菜各生育期管理方案　/151

附录 2　黄花菜烹饪方法　/153

模块一　概述

（4 学时，理论 4 学时）

项目一　黄花菜的品种分布

【学习目标】

1. 知识目标：了解全国、本地区黄花菜种植分布情况，熟悉本地区主推黄花菜品种。

2. 能力目标：能够准确识别本地区主推黄花菜品种，具备一定的市场分析能力，结合市场需求合理规划黄花菜种植规模和销售渠道。

3. 素养目标：黄花菜种植是我国农业的重要组成部分，熟悉本地区主推的黄花菜品种，有助于更好地把握市场需求，优化种植资源，提高黄花菜产业的竞争力。

任务一　黄花菜的分布区域

图 1–1　黄花菜

黄花菜（*Hemerocallis citrina Baroni*）俗称“金针菜”，系百合科萱草属多年生宿根性草本植物的花蕾，在我国黄河、长江流域已有几千年的栽培历史。如图 1–1 所示，黄花菜花蕾呈细长条状，黄色，有芳香气味，含有丰富的花粉、糖、蛋白质、维生素 C、钙、脂肪、胡萝卜素、氨基酸等人体所必需的营养成分，具有味鲜质嫩的特性，作为名菜，被列为“四大素山珍”（香菇、木耳、冬笋、黄花菜）之一。黄花菜性味甘凉，具有止血、消炎、清热、利湿、消食、明目、安神补脑等功效，可作为病后或产后的调补品。黄花菜被人们誉为“名菜、美花、良药”，宋代诗人苏轼有“莫道农家无宝玉，遍地黄花是金针”之说。

一、栽培历史

我国黄花菜栽培历史悠久，有文字可查者，距今2 700余年。最早见于西周时期的《诗经 · 卫风 · 伯兮》篇，有“焉得谖草，言树之背”，就指明了萱草生活的自然环境，“背”即南房的背面，说明萱草喜阴湿。嵇含《宜男花序》云：“宜男花者，世有之久矣。多殖幽皋曲隰之侧，或华林玄圃，非衡门蓬宇所宜序也。”“幽皋”“曲隰”指的是谷底下或近水高处的湿地，强调了萱草对水分的要求。朱橚《救荒本草》“人家园圃中多种，其叶就地丛生，两边分垂。叶似菖蒲叶而柔弱，又似粉条儿菜叶而肥大，叶间撺葶，开金黄花。味甘无毒，根凉亦无毒，叶味甘”，阐述了萱草的性状色味。

有关萱草的种植方法，古人也进行了总结。徐光启《农政全书》曰：“春间芽生移栽。栽宜稀，一年自稠密矣。”王象晋《群芳谱》曰栽培萱草“雨中分，勾萌种之，初宜稀，一年后自然稠密，或云，用根向上，叶向下种之，则出苗最盛。”苏颂《本草图经》曰：“萱草俗称谓之鹿葱，处处田野有之。”这说明萱草的适应性也很强。

李时珍对萱草作了全面系统的论述。《本草纲目》描述：“萱宜下湿地，冬月丛生。叶如蒲、蒜辈而柔弱，新旧相代，四时青翠。五月抽茎开花，六出四垂，朝开暮蔫，至秋深乃尽。其花有红黄紫三色。结实三角，内有子大如梧子，黑而光泽。其根与麦门冬相似，最易繁衍。……肥土所生，则花厚色深，有斑文，起重台，开有数月；瘠土所生，则花薄而色淡，开亦不久。”这是李时珍在总结前人经验的基础上，通过详细观察提出了萱草对肥料的需求。

二、分布区域

黄花菜原产于亚洲和欧洲的温带地区，全世界商品化生产的国家仅有4个，中国、马来西亚、日本、美国。

我国是世界上最早将黄花菜当作蔬菜种植的国家，已有2 500多年的种植历史。种植区域南至海南岛，北至黑龙江，东至江苏，西至甘肃，各省均有种植。全国黄花菜主要产区有：湖南省祁东县、邵东市、祁阳市、邵阳市，陕西省的大荔县，甘肃省的庆阳市，山西省的大同市，宁夏回族自治区的吴忠市（红寺堡区、盐池县），四川省的渠县，河南省的淮阳区，江苏省的宿迁市，湖北省的天门市、黄梅县，浙江省的缙云县、仙居县。

全国黄花菜主产区：湖南省邵东市、河南省淮阳区、陕西省大荔县、甘肃省庆阳市、山西省大同市、宁夏回族自治区吴忠市。

（一）湖南邵东黄花菜

湖南省邵东市素有“黄花之乡”的美誉。邵东市黄花菜品种资源丰富，全市现有栽培品种 31 个，且优良品种众多，其中四月花、荆州花、茶子花、中秋花、长嘴子花、茄子花、矮箭中期花、猛子花、白花等新良种，早熟、高产、质优等特点非常突出。2005 年，邵东黄花菜正式实施地理标志产品保护，这是对其品质的认可，更是对其独特种植技术的传承和发扬。当地主要从事黄花菜系列农产品开发与经营的企业，并同湖南农业大学联合研究开发即食黄花菜和鲜黄花菜加工等项目，其中真空预冷包装鲜黄花菜远销日本、韩国、东南亚国家和香港、台湾地区，颇受消费者欢迎，其传统的原干无硫黄花菜出口量也不断扩大，产品远销加拿大、日本、韩国、新加坡等 20 个国家。

（二）河南淮阳黄花菜

淮阳区土壤成土母质主要为两合土和沙土。土壤深厚，透气性好，有利于黄花菜根系下扎和生长发育；土壤肥沃，有机质含量在 1.5% 以上，肥力高，结构优良，为黄花菜茁壮生长创造了良好的条件；土壤中营养元素全面，丰富，比例协调，尤其速效氮、速效磷含量丰富，为氨基酸合成提供了充足的物质基础，使黄花菜中氨基酸的含量高达 7.63%，口味格外鲜嫩爽口。

境内地表水和地下水资源丰富，可供灌溉用水约 2.2 亿 m^3，84.5% 的区域属富水区，且水埋深 3 m 左右，便于黄花菜吸收利用，在无特大旱灾的情况下，不需要灌溉就能满足黄花菜生长；地表水质好，无色、无味、pH 值（7.3）适中，且各种重金属含量低，达到国家三类水质标准，使黄花菜中镉、汞等有害物质的含量均低于国家绿色食品标准。

淮阳区属暖温半湿润季风气候，无霜期长，光照充足，黄花菜年光合作用时间长，效率高，创造和积累的营养物质丰富，因此，淮阳黄花菜营养物质含量高（蛋白质含量≥ 14%），菜条肥厚，富有弹性；油分含量高，色泽发亮，香气浓郁；纤维素含量高，久煮不烂；花蕾的雄蕊和雌蕊发育充分、饱满，七蕊健全。淮阳气候资源规律与黄花菜对光能、热能、水分的需求规律相吻合，淮阳黄花菜对气候资源的利用达到了极致。

（三）陕西大荔黄花菜

大荔县委、县政府积极引导农民发展壮大黄花菜种植特色产业，大荔黄花菜栽培面积已达 5 万余亩（1 亩 ≈ 667 m^2），总产量 1 万吨，产值超过 2 亿元，为西北地区第一生产大县。大荔县位于渭南东部，东临黄河，黄花主要产于沙苑一带。大荔县境内的沙苑地区由于土质肥沃松软，排水性能良好，出产的黄花菜以针长、色佳、肉厚、味香、营养丰富著称，清康熙年间已成为皇室贡品。

（四）甘肃省庆阳黄花菜

受黄土高原独特的气候条件和地理环境影响，庆阳黄花菜色泽浅黄或金黄，质地新鲜无杂物，条身长，均匀粗壮。抓一把捏成团，手感柔软且有弹性，松手后每根黄花菜又能很快伸展开，有清爽的清香气。庆阳黄花菜以高糖量、营养丰富、条长肉厚和久煮不烂成为中外驰名的名优历史特产。近年来，先后研究推广了采用棚膜晒蒸法生产的“蒸馏脱水传统菜”，采用远红外制干、太阳能利用控制并匹配热风炉联动烘烤制干的内干型“蒸发脱水保鲜菜”等，实现了黄花菜制干加工的无污染，与传统技术相比，成本更低，品质更优，售价更高。产品因独特的黄土高原无污染原产地、“无公害化生产”与“洁净化加工包装技术”三大特点走俏国内及东南亚、欧美市场。

（五）山西省大同黄花菜

黄花菜作为大同市的特色农产品，主要分布在大同市的大同县和广灵县，大同县是最主要的黄花菜生产基地。大同黄花菜多生长在大同火山群下，独特的地理、气候和土壤条件培育了其颜色鲜黄、角长肉厚、油性较大、久煮不烂、脆嫩爽口、营养丰富的品质，是同类产品无可比拟的。同时，大同黄花菜采用集中杀青、水泥地晾晒，无须加硫便可长期储存。大同黄花菜的色泽和营养极佳，是名副其实的优质黄花菜。

（六）宁夏回族自治区吴忠黄花菜

宁夏黄花菜主要分布在中部干旱带，东起盐池、红寺堡区至同心县，种植面积16.8 万亩，主要栽植品种有大乌嘴、沙苑黄花、马莲黄花、大同黄花等。宁夏中部干旱带土壤污染少、光照时间长、昼夜温差大、硒元素含量高，这里种植的黄花苗壮蕾多，所产黄花菜肉厚条长，色泽纯正，自然清香，糖分高，油性大，富含蛋白质、全糖、钙、镁、硒等营养元素，香味浓郁，鲜嫩爽口，无论是品相还是品质均得到了业界专家和广大消费者的一致好评，产品销往北京、广州、上海、福建等地，被视作“席上珍品”。产区和产品先后荣获“中国富硒黄花菜明星产区”“全国百种优质特色农产品”等称号。

【课程资源】

黄花菜的分布

任务二　黄花菜的品种

一、黄花菜品种分类

国内外对黄花菜作了不少的研究，但是在植物学分类上仍然存在一些问题，目前对品种的分类尚无定论。山东农业大学草坪研究所制定了黄花菜五级标准，按照染色体数目分为二倍体和四倍体，按照株型大小分为大株型、中等株型、小株型，按照绿期长短分为休眠群、常绿群和半常绿群，按照花期的早晚分为早期开花、中期开花，按照花部的特征分为大型花、小型花和微型花。

（一）按植物形态特征分类

民间命名黄花菜很随意，不规范，且较混乱，同种异名、异种同名问题较为严重。有学者以黄花菜的花蕾、花被、叶片、花茎、根系等植物形态特征和经济性状为主要依据，将黄花菜分为马莲黄花菜、线黄花菜、小花黄花菜、火黄花菜、高葶黄花菜、北黄花菜，见表 1–1。

表 1–1　不同种类黄花菜的形态特征和产量

种名	形态特征	产量（t/hm^2）	
		平均产量	最高产量
马莲黄花菜	叶形似马莲，根系淡棕红色，花蕾黄色，顶端带有淡褐色，花药金黄色，平均重 5.7 g	1.8	5.82
线黄花菜	叶片窄细，根系淡棕红色，花蕾黄色，顶端带有淡褐色，花药金黄色，平均重 5.1 g	1.5	5.22
小花黄花菜	花蕾较小，根系淡棕红色，花蕾黄色，顶端带有淡绿色，花药金黄色，平均重 2.5 g	1.13	2.25
火黄花菜	叶片基部呈现红色，花蕾顶端黑紫色，根系棕色，花蕾黄色，花药紫色，平均重 5 g	1.12	1.5
高葶黄花菜	花蘖高大，根系浅棕色，花蕾黄色，顶端带有淡绿色，花药金黄色，边缘紫色，平均重 2.5 g	1.05	1.5
北黄花菜	根系绳索状，深棕色，花蕾黄色，顶端带有黑紫色斑点，花药紫色，平均重 2.2 g	0.53	0.9

（二）按成熟时间分类

黄花菜按成熟时间可分为早、中、晚熟三大类型。早熟品种有四月花、早茶山条子花、五月花和清早花等，中熟品种有短箭中期花、高箭中期花、猛子花、白花、黑咀花、茶条子花、杈子花、炮竹花、冲里花、青叶子花、粗箭花、长把花、棒槌花、金钱花等，晚熟品种有细叶子花、中秋花、倒箭花和大叶子花等。

（三）按加工特性分类

按加工特性可分为茄子花、茶子花、猛子花、荆州花等适宜于加工成干菜品种，因其花蕾长度中等、色泽金黄、水分含量中等，加工成干菜后，花蕾直而整齐，质厚而软，呈淡黄色，味清香，具有较高的商品价值；大乌嘴、蟠龙花、四月花和白花等适宜做鲜菜品种，其秋水仙碱含量较其他品种低，花蕾大，质地厚，花瓢组织松而脆，鲜食味甜而香，适口性好；细叶子花、野花、小花等品种因秋水仙碱含量高，适宜于做提取植物秋水仙碱原料，用于治疗痛风性关节炎的急性发作。

二、宁夏引进及栽培的黄花菜主要品种

（一）大乌嘴

大乌嘴分蘖快，栽后 3~4 年进入盛产期。花薹粗壮，高 1.3 m，5 个分杈较长。小满出薹，芒种盛蕾，夏至开始采收，采收期约 50 d。花蕾大，长 13 cm，颜色黄绿，嘴尖有较大的黑紫色斑块。制干率高，亩产可达 200~250 kg。

（二）沙苑黄花

沙苑黄花长势强，被誉为“西北特级黄花菜”。花薹高 1~1.3 m，每薹着花 20~30 朵，多的达 60 朵。花蕾金黄色，长 10 cm，肉质厚。6 月中旬开花，花期 40 d，采收期约 40 d。每亩产干菜 200~250 kg。味道清香，品质好。

（三）马莲黄花

马莲黄花是甘肃省庆阳市地方品种。叶片肥大，叶色浓绿，叶长 80~120 cm，宽 2~3.5 cm。花薹高 90~140 cm，花蕾顶端带黑紫色，花蕾大，长 11~15 cm，重约 5.1 g；花被裂片较线黄花稍短，长 8.5~12 cm，采收期约 40 d，亩产 150~200 kg。

（四）大同黄花

大同黄花是山西省地方品种，主要产于大同市地区，栽培历史悠久，是山西省名特产之一。株形较直立，叶绿色，长带形，长 98 cm，宽 2.8 cm。花葶长约 1.25 cm，每个花葶着生花蕾 35~42 个。花蕾小棒槌形，长 12~15 cm，粗 1.2 cm，单蕾鲜重 5.1 g。制干品呈金黄色，蕾长肉厚，味道清香，脆嫩可口，品质极佳。6 月中下旬开始采收，每亩产 150 kg 左右，出干菜率 20%。

（五）猛子花

猛子花主产于湖南省邵东市，植株分枝较迟，耐旱，抗病性较强，6 月下旬开始采收，采收期 50~60 d，单株着蕾数较多，丰产性好，亩产 150~250 kg。

（六）茄子花

茄子花主产于湖南省祁东县，鲜蕾长 10.5 cm，花蕾带紫褐色，味甜，肉脆、厚。生育期 160 d，6 月下旬开始采收，采收期 50~60 d，亩产 150~200 kg。

（七）长把花

长把花主产于甘肃省合水县，根近肉质，中下部常有纺锤状膨大，花薹长短不一，花梗较短，花多朵，果期 5~9 月，采收期约 40 d，亩产 150~200 kg。

（八）冲里花

冲里花是湖南省祁东县的主栽品种之一。菜条翠绿，是生产加工鲜菜的品种。生长势强，叶较柔软，花薹高 120~150 cm。花蕾长 10~14 cm，花被厚，制干率高。花蕾顶端淡黄色，制干后呈黑褐色，因此也叫黑嘴子花。分枝慢，栽植后进入盛花期需要时间长，但栽一次连续收获的年限较长。抗病、抗旱能力强。

三、各种植区主推黄花菜品种

江苏省、四川省、福建省、湖南省、陕西省、浙江省以及甘肃省种植黄花菜种类如表 1-2 所示。

表 1-2 黄花菜名称及种植区

名称	花色	种植区	名称	花色	种植区
丁庄大菜	黄	江苏	渠县花	黄	四川
福建红花	橘黄	福建	祁东中期花	黄	湖南祁东
重庆红花	橘黄	重庆	猛子花	黄	湖南祁东
祁东白花菜	橘黄	湖南祁东	荆州花	黄	湖北
大乌嘴	黄	江苏	大同黄花菜	黄	山西大同
倒箭花	黄	湖南祁东	高箭中期花	黄	湖南祁东
龙游红花菜	橘黄	浙江	淮阳花	黄	河南淮阳
沙苑金针	黄	陕西	祁珍花	黄	湖南祁东
四月白	黄	湖南祁东	棒槌花	黄	湖南祁东
茄子花	黄	湖南祁东	安民花 1 号	橘红	湖南祁东
祁东四月花	橘黄	湖南祁东	祁东财桥花	黄	湖南祁东
浙江仙居花	黄	浙江仙居	山西大同花	黄	山西大同
金蕾 1 号	黄	甘肃庆阳	农家黄花	黄	甘肃庆阳

【课程资源】

黄花菜的品种介绍

项目二　黄花菜的生物学特性

【学习目标】

1. 知识目标：了解本地区环境条件，熟悉黄花菜生长发育规律、环境条件要求，掌握黄花菜的生物学特性。

2. 能力目标：深入理解黄花菜的生长发育过程，通过对比不同品种黄花菜的适应性，能够根据本地环境条件选择最适宜的黄花菜品种进行栽培。

3. 素养目标：通过学习黄花菜环境条件要求，提高学生对农业产业的认识，树立绿色、生态、高效的农业发展观念。同时，增强学生对黄花菜产业的热爱，培养一批具有专业素养的农业技术人才，为我国农业产业发展贡献力量。

任务一　黄花菜生物学特性

一、黄花菜植物学特征

黄花菜是多年生宿根性草本植物，由根、茎、叶、花、果实及种子等器官构成。

（一）植株

黄花菜的株丛较大，株幅 60~90 cm，高 60~80 cm。

（二）根

黄花菜的根，着生在茎节上，根的寿命约 5 年。主要分布在 0~60 cm 的土层，根幅在 70 cm 左右。黄花菜的根系由不定根组成，呈丛生状，分为肉质根和纤细根两类。肉质根又可分为纺锤根和圆柱根。当老根生长过于密集或土壤板结、通气性差时，容易发生纺锤根，径粗 1~1.5 cm，长 5~8 cm，在末端着生 2~3 条须根。圆柱根也叫条形根，多在春季发生，径粗 0.4~1 cm，长 20~30 cm，最长可达 200 cm 以上，其上密生须根和毛根。肉质根的主要功能是吸收、贮藏、运输养分和水分。纤细根分为须根和毛根两种，如图 1–2 所示。须根粗 0.1~0.3 cm，长短不等，有侧分枝，其上着生毛根。须根的主要功能是促进根系向土层推进，延长和扩大根系分布范围，沟通运输渠道，在其幼嫩时也有吸收作用。毛根着生在须根上，粗 0.1 cm 左右，长短不等，有侧分枝和根毛，幼嫩时白色，老化后变为棕红色，具有吸收水肥功能。黄花菜根系的颜色可以间接地反映出黄花菜生长状况，“白根有劲、棕红旺盛、黑根生病”。

图 1–2　黄花菜的根部

（三）茎

茎分为地上花薹和地下根茎两部分，如图 1–3 所示。花薹高一般为 80~140 cm，上端 3~7 个分枝，组成圆锥形，分枝长 9~15 cm，蜗壳状聚伞花序。每个花薹上有 15~60 个花蕾，多的可达 100 个以上。地下根茎也叫根状茎或短缩茎，每年生长 1~1.5 cm，顶端为生长点，被幼叶、鳞片包裹，下部着生不定根。茎上有分蘖，其数目随着定植年限的增加而增加。根茎上有两列叶片，当抽薹开花、叶子脱落后，可见顶芽和两排侧芽，芽的饱满程度和萌发能力的强弱从上至下依次减弱。

图 1–3　黄花菜的茎部

（四）叶

叶自根状茎发生，呈带形或剑形，互生二列，10~24 片不等，叶脉平行，背面主脉隆起如脊，形似鸟类龙骨突，叫龙骨状突起，简称龙骨突，横切面呈“V”字形，老叶深绿色，新叶淡绿色，如图 1–4 所示。叶宽 0.8~4 cm，长 20~100 cm。外围叶自然生长呈抛物线形，向背弯曲，中间叶片接近直立状。

图 1–4　黄花菜的叶

图 1-5　黄花菜的花蕾

（五）花

黄花菜的花序为无限花序，每个花薹上能陆续形成 20~120 个花蕾。花蕾长 8.5~18 cm，下部合生成筒状（花被管），长 3~5 cm，花被二轮 6 片，外 3 片淡黄色或杏黄色，有的顶端黄绿色，有的顶端淡褐色，内三片淡黄色。花蕾的多少与品种和栽培技术等有关。雄蕊 6 枚，3 长 3 短，着生在花被基部，花药呈“T”字形，背着在花丝的顶端，黄色、褐色或外缘褐色，内有大量花粉粒，如图 1-5 所示。雌蕊 1 枚，比雄蕊长，三心皮，上位花，中轴胎座胚珠倒生，常异花授粉，一般当日开放，次日凋谢。

图 1-6　黄花菜的果实

（六）果实

果实为蒴果，呈钝三棱状椭圆形或倒卵形，长 1.5~3 cm，直径 1.5 cm 左右，表面具皱纹。初期为绿色，少数品种具紫红色斑点。果实三心室，成熟后呈黑褐色，每室可成熟 3~10 粒种子，每果多的可成熟 24 粒以上，如图 1-6 所示。

（七）种子

种子成熟后黑色，有光泽，呈不规则棱形，如图 1-7 所示。干时有皱褶，凹凸不平。种皮坚实，吸水力弱，受精不良时，形成只具种皮的空瘪种子，但外形与饱满者无明显差异。种子千粒重为 27.2~40.4 g。从开花到种子成熟需 40~60 d，果实成熟后果嘴自行张开，爆裂出种子。种子无休眠期，成熟后就具发芽力。种子吸湿后在 30~35 ℃条件下约 3 d 即可发芽。

图 1-7　黄花菜种子

二、黄花菜的生长发育

黄花菜在 1 年中生长发育的过程可分为春苗生长期、抽薹现蕾期、开花期、冬苗生长期、休眠期 5 个时期。

（一）春苗生长期

春苗生长期指幼苗从萌发出土到花草开始显露前。一般当旬平均温度在 5 ℃以上时，幼叶开始出土。随着温度的升高，叶片迅速生长。宁夏黄花菜于 4 月下旬开始返青发芽，这时长出的苗称为春苗，春苗于 6 月间长出花。不同品种，苗期天数和活动积温不同，四月花与荆州花的苗期在 40 d 以上，活动积温 4 500 ℃以上。马莲黄花苗期长达 71~73 d，活动积温需 5 500 ℃以上。黄花菜萌芽后到抽薹前，叶片迅速生长，尤以 3~5 月份生长最快，5 月底至 6 月抽薹后，同化物质大多供给花生长，叶片数目及大小增长缓慢。春季每个分级抽生的叶片数目因品种、土壤、气候及肥水管理而异，叶片少的，如重阳花、白花等品种仅 15 片，多的如茄子花可达 22 片。春苗是黄花菜营养生长的盛期，它主要为当年开花制造营养。因为春苗生长的好坏直接关系到当年的产量，所以开春后早追肥、灌水，促进春苗早发旺长是增加当年产量的关键所在。

（二）抽薹现蕾期

抽薹现蕾期一般指从花薹露出心叶到花蕾开始采收，大约 1 个月的时间，花薹通常于 5 月中下旬开始抽生。花薹初抽生时先端由苞片包裹着，呈笔状，渐长后发生分枝并露出花蕾。从出现花薹到开始开花，约需 25 d。每个花蔓上肉眼能看到的花蕾数，开始很少，仅 3~5 个，以后逐渐增多，最多可达 58 个，这时花薹先端还在不断地分化小花蕾。

黄花菜抽薹现蕾期对水分很敏感，缺水时抽薹延迟，花薹少而细，有的不抽薹，同时花蕾也小，并大量脱落。所以 5 月上旬，灌水充足，使根层土壤全部湿润，对促进花薹发生有重要作用。

（三）开花期

黄花菜从开始采收到结束所需的时间，依不同品种和管理情况，变动于 30~60 d 之间。一般早熟品种与晚熟品种时间短，中熟品种时间长，肥水条件好的，花期可以延长。采收期间，花芽还在不断地分化和发育，开花期的长短，直接关系到产量的高低，所以仍需及时灌水、追肥。

一个长约 2 cm 的花蕾，距离开花的时间需 7~8 d。初期花蕾生长很慢，开始 3~4 d，每天生长 0.1~0.5 cm，但于开花前 3~4 d，则生长迅速，每天生长达 2 cm 左右，故严格掌握采收期，做到适时采收十分重要。采收最好是在花蕾裂嘴前 2 h 左右进行，这时采收的产量高，品质好。

（四）冬苗生长期

抽出花葶后，花葶下部的腋芽陆续萌发生长的苗子谓之冬苗。冬苗的旺盛生长是在花蕾采收完毕，特别是当春苗提早枯萎，或受到机械损伤后，极易大量萌发。一般认为，春苗生长的好坏直接关系到当年的产量，而冬苗主要将光合作用制造的有机物贮积于根和短缩茎内，供次年春天发芽生长。所以冬苗生长的好坏，直接影响来年的产量。

（五）休眠期

霜降后植株的地上部枯死，进入休眠期。休眠期应注意在地面壅土，防止短缩茎露出地面；同时做好冬灌，为来年春苗早发快长奠定基础。

一般黄花菜根状茎上每个分枝的当年生根状茎的顶芽于第二年 7~10 月份开始分化成花芽，第三年 5 月份抽生花葶，6 月份开始采收，9 月份果实成熟。秋后在花葶基部产生离层，自然枯黄脱落。所以，从一个叶芽原基出现到分化花芽、开花结果，完成整个生育期，共需 3 年时间。其间分为营养生长期、生殖生长锥形成期、花被原基形成期、雄蕊原基和雌蕊原基形成期 4 个时期。

三、黄花菜的生物学价值

（一）食用价值

黄花菜味道鲜美，色泽金黄，香味浓郁，食之清香、爽滑、甘甜，自古有“席上珍品”和“食为佳肴”的美誉。黄花菜营养丰富，含有人体所必需的多种维生素、矿物质等。

黄花菜常以 6~8 月份盛产花期分批采收的大花蕾或刚开的鲜花经脱水制干后的成品为食品，其所含多种营养成分均高于常见菜种，属高蛋白、低热值、富含维生素及矿物质的绿色保健菜。黄花菜每 100 g 干品含蛋白质 19.4 g、脂肪 1.4 g、膳食纤维 7.7 g、碳水化合物 27.2 g、胡萝卜素 1.84 mg、维生素 B_2 0.21 mg、维生素 E 4.92 mg、钙 301 mg、磷 216 mg、铁 8.1 mg、硒 4.22 mg、镁 85 mg、锌 3.99 mg、锰 1.21 mg 及其他微量元素等。黄花菜的幼苗在 3~5 月份出土，4~5 片叶时也可以食用，常用于炒食或做汤。每 100 g 鲜嫩幼苗中含蛋白质 2.63 g，脂肪 0.89 g，纤维 3.59 g，胡萝卜素 0.3 mg，维生素 C 340 mg。黄花菜作为一种可食用花卉，含有常见的会挥发成分 60 多种，其中大量的醇和酯类香气物质赋予其独特的怡人风味。

黄花菜宜加工成干货食用，因为鲜黄花菜中含有一定量的秋水仙碱，进入人体后被氧化成氧化二秋水仙碱，会刺激消化、呼吸系统，引发恶心、呕吐、口干舌燥、腹泻等不适反应。秋水仙碱易溶于水，遇热易分解失去毒性。所以黄花菜一般需加工成干货，煮熟后食用既美味可口，又有益于身体健康。

（二）药用价值

黄花菜在中国具有悠久的食疗应用历史，根、叶、茎、花均可入药。多本中药古典都记载了黄花菜的药用功能，例如《本草纲目》记载黄花菜有宽胸膈、安五脏、轻身明目、治小便赤涩、解烦热、除酒瘟、令人好欢无忧等药效。《随息居饮食谱》记载黄花菜可“利膈，清热，养心，解忧释忿，醒酒，除黄”。《本草求真》记载萱草味甘而气微凉，祛湿利水，除热通淋，止渴消烦，开胸宽膈，令人心平气和，免于忧郁以及通结气、利肠胃、利湿热。《滇南本草》记载：“其性补阴血，止腰痛，治崩漏，止大肠下血。”中医认为黄花菜的花有健胃、通乳、补血的功效，哺乳期妇女乳汁分泌不足者食之，可起到通乳下奶的作用；根有利尿、消肿的功效，可用于治疗浮肿，小便不利；叶有安神的作用，能治疗神经衰弱，心烦不眠，体虚浮肿等症。习惯上各种萱草的根入药不分，而作为食用只用黄花萱草的花蕾。

近代中外学者对黄花菜的药用价值有进一步发现，其含有天冬素、卵磷脂、硒、蒽醌和甾体等化合物，因此具有显著的降低血清胆固醇、抗衰老、增强大脑机能和防癌等作用。卵磷脂，是构成神经组织的重要成分，对增强和改善大脑功能有重要作用，同时能清除动脉内的沉积物，对注意力不集中、记忆力减退、脑动脉阻塞等症状有特殊疗效，故人们称之为“健脑菜”。同时它还能滋润皮肤，增强皮肤的韧性和弹力。

另据研究表明，黄花菜能显著降低血清胆固醇的含量，有利于高血压患者的康复，可作为高血压患者的保健蔬菜。黄花菜不但具有抗炎和治疗黄疸病的功效，其提取物秋水仙碱抑制纤维原细胞的增生，从而阻止细胞增殖，在临床已经应用于乳腺癌、皮肤癌和白血病的治疗。通过动物试验还发现，黄花菜具有镇静及减轻失眠的作用，黄花菜对于血吸虫病相应症状也具有一定的治疗效果。

不过黄花菜是近于湿热的食物，胃肠损伤、胃肠不和的人应少吃为好；平素痰多，尤其是哮喘患者，不宜食用。

（三）观赏价值

黄花菜是萱草属，其叶似兰草，翠绿丛生，花如蛱蝶，红黄点点，摇风曳影，风韵可人。古人一直将它作为庭院观赏植物，曾为它写下不少赞美的诗句。苏东坡有诗："萱草虽微花，孤秀能自拔；亭亭乱叶中，一一芳心插。"而且黄花菜春季萌发早，品种繁多，是布置庭院、树丛中的草地或花境等的好材料，也可作切花，具有很高的观赏价值。

此外，如图 1–8 所示，作为蔬菜栽培的黄花菜可用于农业观光园栽培品种，也可作为辅助栽培品种，在路边、边缘地带、隔离带等处套种黄花菜，既能引人观赏，又有好的收入。

图 1–8　观赏性黄花菜

（四）生态价值

黄花菜具有根量大且分布广的特点，一方面有助于增强自身的耐盐能力，多年种植对盐碱地有明显的脱盐改土效应；另一方面其强大的根系可以牢牢抓住土地，在暴雨、洪涝后防止水土流失，可改良土壤和改善生态环境。另外，种植黄花菜时适当施用有机肥可产生更好的脱盐效果。还有研究表明黄花菜对氟污染十分敏感，当空气受氟污染后其叶尖端由绿变褐，可作为监控居住空气质量的指示作物。

【课程资源】

黄花菜植物学特性

任务二 黄花菜生长条件

一、黄花菜生长环境特征

（一）土壤

黄花菜适应性强，能生长在瘠薄的土壤中，对种植土壤的理化特性和营养水平要求不高，在 pH 值于 5.5~8.6 之间的土壤中都可生长。海拔 1 500 m 以下，降水量 500~1 300 mm 的山坡或平原地均可栽培。一般来说，有机质含量高、土层深厚、水源好、地下水位低的壤土及黏土最适宜其生长。

黄花菜根系粗壮，分布深、广，耕层内有大量根群，可抑制土壤盐分上升，减轻盐碱危害。幼苗由于根系较浅，比成苗更容易受盐碱危害，在幼苗阶段促进黄花菜根部发育尤为重要。随着苗龄的增加，耐盐的能力逐渐提高。

（二）温度

黄花菜在生长过程中对温度要求不严格，一般生长温度范围为 5~34 ℃，在 15~25 ℃条件下为宜，该温度下黄花菜根芽分生组织活跃，终年都可长芽。黄花菜的地上部分不耐寒，地下部分耐寒性很强，在气温下降至 −49 ℃的地区仍可安全越冬。早春时期平均温度在 5 ℃以上时，开始萌芽出土。叶丛生长的适宜温度是 15~20 ℃，抽薹开花期最适宜温度是 20~25 ℃。较高的温度和较大的昼夜温差能够促进花蕾的形成和营养物质的积累。

（三）水分

黄花菜的肉质根既能贮藏营养，又能蓄积水分，只要生长期间稍有降水，就能积蓄大量水分供其生长发育；地上部分保水性较强，特别是叶子狭长、角质层厚的黄花菜类型，蒸腾作用较少，比叶片宽大、角质层薄的红色花种耐旱力更强，该品种在较难灌溉的山坡上也能生长。抽薹期是大量需水的临界期，花薹抽出前需水较少，开始抽薹后需水渐增。黄花菜开花之季，雨水多少直接影响到花蕾的大小、多少和花期的早晚。开花期，尤其是盛花期需水最多，在该时期灌水量应该加大，否则易使幼蕾萎缩、变黄、脱落，甚至导致叶片枯黄。同时黄花菜忌连阴雨，怕涝，遇到这种情况，应开沟排水，避免烂根。

（四）光照

黄花菜喜光耐阴，充足的光照能提高黄花菜的光合作用，有利于营养物质的积累，从而获得高品质和高产量。黄花菜对光照强度变化的适应性强，在树林中半阴处也能够生长，但产量会受影响。

二、宁夏回族自治区环境条件

宁夏回族自治区地处黄土高原、蒙古高原和青藏高原的交会地带，大陆性气候特征十分典型，干旱少雨，蒸发量大，日照充足，昼夜温差较大，太阳辐射强度高，阴雨天气少，这样的气候条件适宜有灌溉条件的地区种植黄花菜，利于采摘期黄花菜的晾晒。所产黄花菜花蕾肥大，油分充足，色泽鲜亮，丰润饱满，菜条长达 10~13 cm，比甘肃省、陕西省、河南省等黄花菜产区菜条长度增加 2~4 cm。特别是宁夏回族自治区降水少、蒸发快，对黄花菜自然晾晒极为有利，其干制品已成为黄花菜中的极品。

宁夏境内海拔较高，工业企业少，空气洁净。农业用水主要来源于自然降水、黄河引水和地下浅层水开采。大部分地区为一年一熟制耕作模式，化肥、农药、地膜用量相对较少，具备发展黄花菜绿色产品的基本条件。

【课程资源】

黄花菜生长条件

练习思考题

一、选择题

1. 在宁夏回族自治区，以下哪个地区并未大规模种植黄花菜（　）。

A. 盐池县　　B. 红寺堡区　　C. 平罗县　　D. 同心县

2. 以下不是黄花菜品种分类方法的是（　）。

A. 按植物形态特征分类　　B. 按地区分类

C. 按成熟时间分类　　D. 按加工特性分类

3. 以下哪个是晚熟黄花菜品种（　）。

A. 四月花　　B. 猛子花　　C. 棒槌花　　D. 倒箭花

4. 马莲黄花苗期长达（　）。

A.40~45 d　　B.55~60 d　　C.71~73 d　　D.81~83 d

5. 从一个叶芽原基出现到分化花芽、开花结果，完成整个生育期，共需(　)时间。

A.1 年　　B.2 年　　C.3 年　　D.4 年

二、填空题

1. 黄花菜按成熟时间可分为________、________、________3 种类型。

2. 黄花菜在 1 年中生长发育的过程可分为春苗生长期、________、________、________、休眠期 5 个时期。

3. 宁夏黄花菜于 4 月下旬开始返青发芽，这时长出的苗称为________，于 6 月间长出花。

4. 黄花菜整个生育期分为营养生长期、__________、__________、__________、__________4 个时期。

5.________生长的好坏直接关系到当年的产量，而________生长的好坏，主要影响来年的产量。

三、判断题

1. 黄花菜是二年生宿根性草本植物。（　）

2. 黄花菜具有根量大且分布广的特点，一方面有助于增强自身的耐盐能力，另一方面强大的根系可以防止水土流失，可改良土壤和改善生态环境。（　）

3. 黄花菜与香菇、木耳、冬笋一起被称为“四大素山珍”。（　）

4. 黄花菜的根能治疗神经衰弱、心烦不眠、体虚浮肿等症。（　）

5. 幼苗根系较浅，耕层内有大量根群，可抑制土壤盐分上升，减轻盐碱危害。（　）

四、思考题

1. 红寺堡区发展黄花菜产业具备哪些条件？

2. 简述黄花菜根的功能。

模块二　黄花菜整地施肥

（6 学时，理论 4 学时、实训 2 学时）

项目一　整地

【学习目标】

1. 知识目标：了解不同地块整地作业的重要性和作用，能合理选择黄花菜苗圃地区域及地块，准备好黄花菜种植土壤条件；熟悉农业机械设备，掌握苗圃地选择标准、地块整地要求。

2. 能力目标：通过评估，能够独立完成苗圃地的选择和规划，能根据不同地块条件选择合适的机械设备，以提高整地效率。

3. 素养目标：学习黄花菜苗圃地块整地技术，使学生认识到整地作业对农业生产的重要性，增强学生对土地资源的保护和合理利用意识。此外，通过提高整地作业的效率和质量，有助于提高黄花菜的产量和品质，为我国农业产业的发展贡献力量。

任务一　地块选择

苗圃地应选择地势平坦、质地疏松、排灌良好，前茬作物为玉米、豆类等非百合科作物的地块，土壤 pH 值以 5.5~8.6 为宜。土壤环境质量应符合《土壤环境质量 农用地土壤污染风险管控标准（试行）》（GB 15618—2018）的规定，环境空气质量应符合《环境空气质量标准》（GB 3095—2016）的规定，灌溉水质应符合《农田灌溉水质标准》（GB 5084—2021）的规定。

一、地形地势条件

地形是指地球表面的地貌形态，包括平原、山地、丘陵、盆地等。地势指的是地球表面在垂直方向上的高低差异。地形、地势的陡峭起伏，坡度的缓急等，不但影响小气候的变化，而且对土壤的流失与积聚都有影响。地形忽高忽低，地面过于割裂，会造成黄花菜耕作和灌溉的困难，不适于种植。孤山独峰，面积不大，没有扩展前途，同时地势较高，冬季易受寒风侵袭遭受冻害，也不宜种植。

除地形、地势外，海拔和坡度也会对黄花菜的种植造成一定的影响。海拔由低至高温度渐降，湿度渐高，光照渐强，紫外线含量增加，因而会影响黄花菜的生长。黄花菜适宜种植在海拔 1 500 m 以下的山坡或平原地。有规律地缓慢倾斜的山坡，具有适宜的排水性，因此坡度在 20° 以下的山地或丘陵地，都可种黄花菜。

二、土壤条件

土壤是黄花菜生长的基地，黄花菜对土壤的要求虽不严格，但要黄花菜生长得好，品质高，土壤好是一个重要条件。

黄花菜对土壤酸碱度要求低，pH 值在 5.5~8.6 之间的土壤都可种植黄花菜。黄花菜根系发达，一般主要分布在 0~60 cm 的土层，根幅可达 70 cm 左右。要求土层深厚，如果土层浅薄，下层为大的岩石，黄花菜根系发育不好，黄花菜就很矮小。而且土层浅，保水保肥的能力差，黄花菜容易遭受冻害、旱害，并降低对病虫害的抵抗能力。

种黄花菜的土壤不仅要求土层深厚，而且要求土壤疏松，如果土壤下面有硬盘层，根系就伸不下去，有硬盘层的土壤，必须经过深耕改良后才能种黄花菜。最适宜种黄花菜的土壤质地是地下水位低的壤土及黏土。壤土，指土壤颗粒组成中黏粒、粉粒、沙粒含量适中的土壤，质地介于黏土和沙土之间，兼有黏土和沙土的优点，通气透水、保水保温性能都较好，是较理想的农业土壤。黏土是含沙粒很少、有黏性的土壤，水分不容易从中通过，具有较好可塑性。黄花菜的土壤要求表土保水力强，如果地下水位高，土壤通气不好，黄花菜生长矮小，菜根容易腐烂，甚至会整株死亡。

任务二　整地实施要点

一、整地的要求

黄花菜要高产，秋季要挖伏土，花蕾采摘完毕后深挖翻土，加深和熟化耕作层，疏松土壤，增强其透气性。土壤经过秋天烈日暴晒和冬季冰霜雨雪，可改良理化性质，有利于提高肥力，抑制杂草，减轻病害，创造适宜黄花菜根系活动的土壤环境。翻挖行间土壤，一般深挖 20~30 cm，株丛周围浅挖，利于加速土壤分化，引根下扎，增强抗旱能力。选择晴天土壤较干旱的时候进行，将土壤大块儿翻转。黄花菜株丛周围的土壤要挖空，切断衰老根群和肥大的纺锤根，促进新根生长，增强植株吸收养分能力。

黄花菜的根系为肉质根系，根系发达，入土较深，且黄花菜作为多年生作物，定植后通常可以连续采收 15 年左右，因此需有一个肥沃疏松的土壤环境，以保证根系的正常生长。通常在定植前的 15 d 左右对土壤进行深翻，深度一般在 30 cm 以上，打破犁底层，然后除去杂草，整平耙细，修渠，作畦。

二、整地的重要性

整地是通过对土壤环境的人为改善，为黄花菜的生长创造更好的土壤环境。整地的主要作用是改善幼苗生长所需的立地条件，例如，有些地区土壤条件较为恶劣，不适合植物的生长，但通过人为改造土壤，能在环境恶劣的地区实现种植，促进当地生态环境的平衡。许多环境恶劣的地区，常伴随着水土流失、土地沙漠化等较为严重的生态现象，对农作物的生产种植、人们的生活环境造成了不好的影响，而通过对土地环境的改善，有效缓解该地区的土地流失。另外，整地可以显著改善幼苗的生长环境，去除杂草，提高幼苗成活率。

三、整地机械设备的特点

农业机械设备的引进能够使农业的发展得到有效提升，为开展整地工作奠定了十分重要的基础，在一定程度上能够发现适宜的土壤耕作深度。农业机械化深耕会提高耕作深度和土地的质量，提高土壤的综合利用率，对于提高农作物的存活率和最终单位面积土地的产量有很大的作用。使用农业机械和设备进行深耕整地，增加耕地面积下降的深度，可以构建一个更好的土壤养分循环系统，以提高土壤养分和肥料养分利用效率，有效地延长耕地的生命，提高肥料利用率，减少肥料的经济支出，从而保证土壤安全可持续、长期低成本的农业耕作工作。

四、常见整地机械设备类型

（一）铧式犁

图 2-1　铧式犁

铧式犁是一种耕地的农具，其外形如图 2-1 所示。铧式犁是耕整地作业中常见的农业机械，犁组由拖拉机牵引作业，其作用是碎土、松土。铧式犁通常由犁体、犁架、犁铲、犁刀和深松铲 5 部分组成，起到切割土壤、粉碎土壤、翻转土壤作用的是犁体，犁体由犁铧、犁壁、犁侧板、犁托及犁柱等构成，耕作时犁能在垂直方向切开土壤，并进行翻垡碎土，具有打破犁底层、恢复土壤耕层结构、提高土壤蓄水保墒能力、消灭部分杂草、减少病虫害、平整地表及提高农业机械化作业标准等作用。犁壁组成犁铲并具有承重的功能，将其按形状区分，大致可分为整体式、组合式和栅条式。具有翻土、碎土和松土功能的是犁铲，将其以结构区分，大致可分为三角铲、梯形铲和凿铲。犁刀一般在犁体的前部，通过垂直方向切割土壤降低犁铲的作业难度，以减少部件的磨损。

（二）旋耕机

图 2-2　旋耕机

旋耕机是与拖拉机配套完成耕、耙作业的耕耘机械，其外形如图 2-2 所示。因其具有强大的破土力和碎土力，耕后地表平坦等特点而得到了广泛的应用。同时，它能够切碎埋在地表以下的根茬，为后续的播种工作提供良好的作业环境，以提高耕整地的作业效率。旋耕机一般分为卧式旋耕机和立式旋耕机。旋耕机相比于其他耕整地机械，能够用于深松土壤、破碎土壤，并且可以很好地打碎土壤犁底层，恢复土壤耕层结构，提高土壤蓄水保墒能力，消灭部分杂草，减少病虫害，平整地表，提高农业机械化作业标准等，做到最大化的土壤翻耕。但旋耕机工作时能耗高，而且无法很好地覆盖作物残茬和其他杂草。

（三）联合整地机

联合整地机是一种大型农业机械，外形如图 2-3 所示，其结构较复杂，且具有复杂的作业方式，属于多功能耕整地机械，可在运行中完成全部或部分清桩、旋耕、抬升、底土处理、覆土和围堵等作业。联合整地机启动后，可将土壤破碎，完成覆盖，利于播种，提供作物发芽和生长所需的高质量生产条件。跟常见的耕整地机械对比可知，联合整地机能够最大限度地减少作业工序，减少机具对农田土壤的损害。该机器不仅可以很好地控制作业经济成本，而且可以有效提高作业效率，缩短农田作业时间。

图 2-3　联合整地机

（四）保护性耕作机械

保护性耕作技术是通过最大限度地利用农业机械工作时切碎的作物茎秆，达到覆盖土壤表层，提高农田土壤免受风蚀和水蚀的效果，使土地中的养分得到最大化的保留，防止传统的人工耕整地造成土壤养分的损害流失，改善土壤质量。这标志着农业机械化已经从最初的依靠自然发展到同自然和谐同步发展。

项目二　施肥消毒

【学习目标】

1. 知识目标：了解栽植前施基肥、土壤消毒作用及其重要性，鉴别肥料类别，掌握黄花菜栽植前基肥配比及施用量、施用基肥时间、土壤消毒药剂名称、浓度及稀释要求、土壤消毒作业时间。

2. 能力目标：能根据黄花菜的生长需求和土壤状况，合理选用适宜的肥料，熟练运用土壤消毒药剂进行土壤消毒作业，具备评估土壤消毒效果的能力。

3. 素养目标：通过推广合理施肥技术，提高黄花菜产量，助力乡村振兴。提高学生对农业技术的认识，树立绿色、生态的农业发展观念，促进农业可持续发展，为农业绿色发展贡献力量。通过土壤消毒技术，提高农作物产量和品质，保障农业生产的可持续性，促进农村经济发展，为我国粮食安全作贡献。

任务一　土壤消毒的操作

一、土壤消毒的作用

土壤是病虫害传播的主要媒介，也是病虫害繁殖的主要场所。许多病菌、虫卵和害虫都在土壤中生存或越冬，而且土壤中还常存有杂草种子。土传病害若不加以控制，会严重减产或降低产品质量，一般减产20%~40%，严重时减产可达60%，甚至绝收，因此土壤消毒至关重要。土壤消毒能有效杀灭土壤中的病原菌、病毒、杂草种子等，减少病虫害的发生，降低农业生产风险，提高农作物产量。

土壤消毒大致分为物理消毒和化学消毒。物理消毒具有效果不确定、限制性较大等特点，化学消毒虽然对环境有一定影响，但化学消毒对土壤中所有线虫都有直接致死作用，消毒彻底，且对微生物群落影响不大，所以土壤化学消毒方法为主流方法。

二、物理消毒

（一）常用方法

1. 暴晒法

将土壤摊在水泥地上，让灼热的阳光照射3~7 d，一般可杀死土壤中的真菌孢子和虫卵。这种方法较简单易操作，成本低，但杀菌效果不明显、不均匀，只能辅助其他消毒方法。

2. 薄膜覆盖高温消毒法

夏季高温季节，把土壤堆成一定高度（长、宽视具体情况而定），同时喷湿土壤，使其含水量超过 80%，然后用薄膜覆盖土堆，暴晒 10~15 d，消毒效果良好。

3. 石灰氮消毒法

选气温高、光照好的晴天将土壤整平灌水，使土壤的相对湿度达 60%~85%。灌水后 2~3 d，每亩撒施石灰氮 40~60 kg，对土壤进行 1 次深翻，使石灰氮颗粒与土壤充分接触，然后用透明薄膜覆盖 14 d，让其充分发挥效力。石灰氮可有效防治由病原真菌、细菌及线虫引起的黄瓜、番茄、辣椒和茄子等多种土传病害，同时可供给蔬菜氮素，减少硝酸盐积累，促进植物生长，是一种环保型土壤消毒方法。

（二）其他方法

1. 微波消毒法

微波消毒土壤的机理包括微波的热效应和生物效应（非热效应）。微波消毒土壤的热效应是指土壤中生物体内的许多极性有机大分子、离子基团及水在电场作用下形成偶极子，有一定的取向性，在电场作用下产生取向运动，在快速周期性变化的电磁场作用下，分子运动、碰撞、摩擦而产生热，生物机体过热会使组成生物体的蛋白质产生热变性、酶失活，从而影响其各项生命活动。在温度高于 50 ℃时，细菌中蛋白质凝固而导致细菌死亡。微波消毒土壤的生物效应（非热效应）从生物物理学角度分析，微波对生物体产生影响的机理有：①对电子传送的影响；②对自由基活动的影响；③对生物膜通透性的影响；④对蛋白质和酶活性的影响；⑤对基因的影响等。在微波电磁场照射下，土壤中微生物受到热力、电磁力双重作用，具有热效应和生物效应双重效应，因而杀菌效果优于常规热杀菌。同时微波消毒土壤可杀灭其中的成虫、虫卵、有害微生物、病菌及草籽，并且无任何残留，不会使生物体产生抗性。

2. 蒸气消毒法

通过蒸汽锅炉经管线或专用消毒槽供热进行土壤消毒。消毒槽下部为蒸汽室，上部为土壤室，规格有 1.6 m^3 、1.8 m^3 、2.0 m^3 、2.4 m^3 等，消毒时土温 70 ℃保持 30 min，土温 95 ℃保持 5~7 min。此法对土传病害、线虫、杂草防效显著，效果可达 95%~100%。

3. 活性炭消毒法

活性炭是植物炭化形成的炭粉，植物种类不同，炭化后的活性也有差异，效果较好的是炭化椰子壳。可随施底肥时施活性炭，土壤施用活性炭后，能增加土壤中有益微生物的繁殖，抑制病原菌的繁殖，起到消毒作用。

4. 火烧土消毒法

稻根土或草皮土晒干后在苗床上徐徐焚烧，将烧后的熟土撒于苗床表面；也可选择晴天，在苗床上铺一层稻秸或干草，再压一层草皮和细土，以便在燃烧时使热力下逸，然后顺风点火烧土消毒，烧后将草灰翻入土中，这不仅达到了消毒目的，还可增加土壤中的钾含量，提高作物抗病能力。

5. 土壤还原消毒法

利用太阳热能和水使麦麸（米糠）在土中发酵，产生酵母菌、乳酸菌等有益菌群，结合升高土温，达到杀灭土壤病菌和线虫的目的。具体做法：在夏季消毒前 3 d，翻地、灌水，3 d 后 1 m^2 土壤均匀撒 1 kg 麦麸（米糠），进行 2~3 次 15~20 cm 翻耕，之后灌大水（水量为用手抓土，一捏从手指缝滴水为宜），用薄膜盖严地面，密闭 20 d。20 d 后除去地表的薄膜，再翻耕 1 次。

6. 太阳能消毒法

夏季土壤休闲时，在地表撒上碎稻草（1 kg/m^2）和石灰氮（0.1 kg/m^2）与土壤混合，作畦、灌水、覆盖地膜，白天土表温度可达 70 ℃，20 cm 深土层全天温度都在 40~50 ℃，可持续 15~30 d，起到土壤消毒和除盐的作用。单纯太阳能消毒对 0~20 cm 土层消毒效果较好，但对 20 cm 以下土层效果较差，因翻地时把地下土翻起，造成土壤整体消毒效果不好。因此，太阳能消毒应结合其他消毒方法使用，一方面提高消毒效果，另一方面节省能源。

7. 酒精消毒法

酒精能降低土壤中含氧量，从而起到灭虫效果。具体操作步骤：在土壤上喷洒浓度为 2% 左右的酒精，然后用薄膜覆盖 7~14 d。

三、化学消毒

（一）多菌灵消毒法

多菌灵能防治多种真菌病害，对子囊菌和半知菌引起的病害效果明显。每平方米土壤施 50% 的多菌灵可湿性粉剂 1.5 g，可防治根腐病、茎腐病、叶枯病和灰斑病等。也可按 1 ∶ 20 的比例配制成毒土撒在土表，能有效防治苗期病害。

（二）福尔马林消毒法

每平方米用 50 mL 福尔马林加水 10 kg，均匀喷洒在地表，然后用草袋或薄膜覆盖 10 d 后揭掉覆盖物，让气体散发，2 d 后即可播种。这对防治立枯病、褐斑病、角斑病、炭疽病有良好效果。

（三）波尔多液消毒法

每平方米土壤用波尔多液（硫酸铜：熟石灰：水 =1：1：100）2.5 kg+ 赛力散 10 g 喷洒土壤，待土壤稍干即可播种。这对防治黑斑病、斑点病、灰霉病、锈病、褐斑病、炭疽病效果较好。

（四）五氯硝基苯消毒法

每平方米土壤用 75% 五氯硝基苯 4 g+ 代森锌 5 g+ 细土 12 kg 拌匀，播种时下垫上盖，对土传病害如炭疽病、立枯病、猝倒病、菌核病等有特效。

（五）硫酸亚铁及代森铵消毒法

用 3% 硫酸亚铁溶液处理土壤，每平方米用药液 0.5 kg；或用 50% 的水溶性代森铵 350 倍液，每平方米土壤浇灌 3 kg 稀释液，代森铵杀菌力强，能渗入植物体内，分解后还有一定的肥效，可防治黑斑病、霜霉病、白粉病、立枯病和球根类种球病害等。

（六）溴甲烷消毒法

将剔除植物残根的土壤逐层堆放，然后在堆体的不同高度用施药的塑料管插入土壤中施入溴甲烷，施完足量药剂后立即用薄膜密闭 3~5 d，去掉薄膜，晒 7~10 d 后即可使用。用此法进行消毒时土壤的湿度要求控制在 30%~40%，过干或过湿都会影响消毒效果。

（七）氯化苦消毒法

消毒时可将土壤逐层堆放，然后加入氯化苦溶液，即先将土壤堆至约 30 cm 厚，堆体的长和宽不固定，然后在土壤上每隔 30~40 cm 打一个深 10~15 cm 的小孔，每孔注入 5~10 mL 的氯化苦，然后用土壤堵住放药孔，等第 1 层放完药之后，再在其上堆放第 2 层土壤，然后再打孔放药，如此堆放 3~4 层之后用塑料薄膜将土壤覆盖好，经过 7~14 d 熏蒸之后，揭去塑料薄膜，把土壤摊开晾晒 4~5 d 即可使用。

四、土壤消毒的操作方法

根据土壤性质和病虫害种类，选择合适的消毒药剂，如氯化苦、溴甲烷、石灰等，按照药剂说明书，正确配制消毒药剂浓度，确保消毒效果。土壤消毒作业时间一般为春季或秋季，避开农作物生长季节。根据土壤消毒药剂的特点，采用喷洒、熏蒸、注射等方法进行土壤消毒。

（一）喷洒法

喷洒法是将消毒药剂与水混合后，通过喷雾器将药液均匀地喷洒在土壤表面。这种方法适用于大面积的土壤消毒，操作简便，效率较高。喷洒法能够有效地杀灭土壤表面的病菌和杂草种子，减少病虫害的发生，为作物生长创造良好的土壤环境。

（二）熏蒸法

熏蒸法是在土壤中施加气态的或可蒸发的杀虫剂或杀菌剂，使土壤内的病菌、病毒和杂草种子死亡。熏蒸法具有很强的杀菌、杀虫和除草能力，适用于各种作物土壤消毒。然而，熏蒸法在使用过程中要注意安全，避免对人体和环境造成危害。此外，熏蒸剂的选择和使用还需遵循国家相关规定，确保农业生产的可持续发展。

（三）注射法

注射法是将消毒药剂注入土壤中，使其渗透到土壤深处，从而达到消毒的目的。这种方法适用于较黏重的土壤和难以喷洒的土壤。注射法能够有效地杀灭土壤内部的病菌和杂草种子，提高土壤质量。然而，注射法操作相对复杂，成本较高，因此在实际应用中需根据具体情况选择合适的消毒方法。

五、土壤消毒技术的正确操作

（一）消毒前准备

清理土壤表面的杂物，如残枝败叶、杂草等，确保消毒效果。

（二）药剂配制

按照药剂说明书，将药剂与水混合，搅拌均匀。

（三）消毒作业

根据土壤性质和病虫害种类，选择合适的消毒方法，均匀施药。

（四）消毒后管理

在消毒后进行适当的土壤管理，如及时浇水、施肥、种植等，促进农作物生长。

【课程资源】

土壤消毒

任务二　基肥的实施要点

一、施基肥的重要性

黄花菜为喜肥多年生作物，定植前要结合整地施足基肥，可提高产量。基肥以有机肥为主，可采用沟施或穴施。如果土壤pH高，还应施入适量的土壤化学改良剂。如果土壤养分状况差，需施入适量的氮、磷、钾速效肥料。地下害虫严重的地块，需施辛硫磷等农药。

二、不同生育期的施肥

黄花菜定植多年后才更新重植，年年采收，消耗养分很大，所以定植前必须施足底肥，打好基础，因底肥不足，会使栽植后投产迟、产量低。根据黄花菜花芽分化规律，做好4个时期肥料的增施工作。一是早施春苗肥，促进黄花菜苗齐苗壮。二是重施薹肥，促进黄花菜从营养生长向生殖生长的转化。三是补施壮蕾肥，促进花蕾生长，提高黄花菜产量。四是施足越冬肥，促进黄花菜花芽分化。施肥时，必须根据相关部门对耕地质量评价的数据，对症增施腐熟的农家肥、商品有机肥和微量元素肥料，做到平衡施肥，减少肥料间的相互拮抗，达到增强肥效，提高吸收利用率。

（一）早施春苗肥

春苗肥的施肥时间要早，一般应在开始萌芽时进行。施肥的种类和用量根据土壤肥力酌定，一般亩施商品有机肥40~60 kg或腐熟的农家肥1~1.5 t。施肥方法是在株丛两侧15 cm左右，沿行开沟条施或穴施，深10 cm左右，覆土。

（二）重施薹肥

黄花菜从营养生长向生殖生长的转化时期，是一年中需肥最多的阶段。薹肥一般以施商品有机肥、农家肥为主，适度施速效化肥。一般分两次施入，第一次应在即将抽薹时，亩施腐熟的农家肥1.5~2 t或尿素5 kg、过磷酸钙10 kg；第二次应在刚好看见花薹时，每亩施腐熟的农家肥1~1.5 t或尿素7~10 kg、过磷酸钙10 kg。施肥方法同春苗肥。

（三）补施壮蕾肥

抽薹期的黄花菜，花蕾也在孕育生长，要让花蕾健壮多生，减少落蕾，增施肥料可收到显著的增产效果。一般6月下旬至7月上旬（早熟品种应适当提前），结合浅中耕，每亩施过磷酸钙7.5 kg、硫酸钾5 kg。为防止黄花菜脱肥早衰，提高成蕾率，延长采摘期，增加产量，应在采摘后每隔 7~10 d，根外喷施 15 kg 水 +50 g 中微量元素（硼砂等）+100 g 硫酸钾或 0.2% 磷酸二氢钾混合液，对壮蕾和防止脱蕾有明显效果。连喷 4~5 次，一般在下午采摘后或清早 10：00 前喷施为宜。

（四）施足越冬肥

冬肥可促进黄花菜的花芽分化，对来年黄花菜的产量影响很大，因为黄花菜从一个叶芽原基出现，到开始分化花芽，最后抽薹、开花、结果，完成整个生命过程共需 3 年时间。黄花菜的主芽是在第二年采摘结束后开始分化成花芽，加上采收期养分消耗大，这时黄花菜对肥需求较高，所以，应及时追肥。冬肥施入的时间，应在黄花菜采收结束后。冬肥要求以农家肥、商品有机肥为主，用量要多。一般亩施优质腐熟的农家肥 5 t 以上，并配合施适量的磷、钾肥。施肥方法与其他时期施肥方法相同。各个田块的土壤肥力差异较大，在施肥时，根据测土结果施肥，没有条件测土的，应该“看芽施肥”，才能做到经济有效，提高肥料的利用率。一般秋季通过观察黄花菜越冬主芽的饱满程度来确定施肥量。顶芽的上部扁平、下部圆满，生长充实，为花芽，其分化程度比较高；上尖下扁，生长细弱的芽，为叶芽，其分化程度比较低；介于二者之间的中间芽是将要分化或分化程度较差的花芽。根据越冬芽的饱满程度确定施肥量，做到“壮芽精施、弱芽多施”，保证养分的供应，让其多吸收、多积累，以利于安全越冬和来年丰产。

（五）施肥量

根据《大同黄花菜的栽培与采摘加工技术》《黄花菜配方施肥研究》和多年科研实验结果，氮、磷、钾是黄花菜生产必不可少的营养元素，最佳配比为 2∶1∶2，年产 960 kg 鲜黄花菜共需要氮、磷、钾总量 40 kg，即需纯氮 16 kg、五氧化二磷 8 kg、氧化钾 16 kg。如果目标产量（依据历年实际产量结合科研部门田间试验结果，预期所能达到的黄花菜产量）高时，相应调整氮、磷、钾的使用量。

中国化肥网报道，依据科研机构测定结果，一般中等地力田块土壤碱解氮含量为 80 mg/kg，有效磷为 12 mg/kg，速效钾为 110 mg/kg 左右，土壤养分每年每亩可为黄花菜供给纯氮 7.8 kg、五氧化二磷 3.47 kg、氧化钾 6.87 kg；有机肥和化肥配合施用时，有机肥养分可以抵扣部分施肥量。一般 1 t 腐熟的农家肥（土肥）可抵扣纯氮 1 kg、五氧化二磷 0.5 kg、氧化钾 1 kg。施肥时以使用腐熟的农家肥、商品有机肥为主，化肥使用为辅，尽量减少化肥的使用量。确需迅速补充土壤某一元素时，用化肥予以补充，效果明显。

各地气候条件、土壤条件差异很大，因而黄花菜的产量差距很大，也就是可实现黄花菜的目标产量差异很大，因此对肥料的需求差异也就很大。由于推算施肥量涉及诸多因素和环节，十分复杂，一般非土壤、肥料专业人员不易掌握。

三、肥料的类别

（一）农家肥料

主要由就地取材的植物、动物粪便等富含有机物的物料制作而成的肥料，包括秸秆肥、绿肥、厩肥、堆肥、沤肥、沼肥、饼肥等。

秸秆肥：成熟植物体收获之外的部分，以麦秸、稻草、玉米秸、豆秸、油菜秸等形式直接还田的肥料。

绿肥：新鲜植物体就地翻压还田或异地施用的肥料，主要分为豆科绿肥和非豆科绿肥。

厩肥：圈养畜禽排泄物与秸秆等垫料经发酵腐熟而成的肥料。

堆肥：植物、动物排泄物等有机物料在人工控制条件下（水分、碳氮比和通风等），通过微生物的发酵，有机物被降解，并生产出一种适宜于土地利用的肥料。

沤肥：植物、动物排泄物等有机物料在淹水条件下发酵腐熟而成的肥料。

沼肥：以农业有机物经厌氧消化产生的沼气、沼液为载体加工成的肥料。主要包括沼渣和沼液肥。

饼肥：由含油较多的植物种子压榨去油后的残渣制成的肥料。

（二）有机肥料

植物秸秆等废弃物和动物粪便等经发酵腐熟的含碳有机物料，其功能是改善土壤理化性质，持续稳定供给植物养分，提高作物品质。

（三）微生物肥料

含有特定微生物活体的制品应用于农业生产，通过其中所含微生物的生命活动，增加植物养分的供应量或促进植物生长，提高产量，改善农产品品质及农业生态环境的肥料。

（四）有机 – 无机复混肥料

含有一定量有机肥料的复混肥料。复混肥料是指氮、磷、钾 3 种养分中，至少有 2 种养分标明量是由化学方法和掺混方法制成的肥料。

（五）无机肥料

主要以无机盐形式存在的能直接为植物提供矿物质养分的肥料。

项目三　实训

【学习目标】

1. 知识目标：掌握土壤 pH 值的测定、腐熟堆肥的方法。

2. 能力目标：提高学生实践操作能力、观察分析能力和创新能力。在测定土壤 pH 值和制作腐熟堆肥的过程中，学生通过观察实验现象，分析问题，从而提高实践操作能力和观察分析能力。

3. 素养目标：培养学生热爱劳动、珍惜资源的价值观。通过本次实践活动，让学生认识到土壤 pH 值对植物生长的重要性，提高他们环境保护和资源利用的意识。在制作腐熟堆肥过程中，培养学生珍惜资源、勤俭节约的价值观，使他们能够在日常生活中践行绿色环保的生活方式。

实训一　土壤的 pH 值测定

土壤酸碱度，又叫土壤反应，反映了土壤溶液中氢离子浓度大小，以 pH 值表示。pH 值小于 7 的溶液为酸性溶液，pH 值等于 7 的溶液为中性溶液，pH 值大于 7 的溶液为碱性溶液。pH 值是土壤重要的基本性质，也是影响土壤肥力的重要因素之一，它直接影响土壤中养分的存在状态和有效性。

pH 值对土壤中氮素的硝化作用和有机质的矿化等有较大程度的影响。土壤酸碱度不仅会影响作物的生长，还会降低施肥的效率，无论是偏酸还是偏碱都会影响肥料的效果，还会抑制微生物的活动，导致农作物根系生长缓慢、发育迟缓。如中性土壤中磷的有效性强，碱性土壤中微量元素的有效性差，影响农作物的生长发育。在农业生产中应该注意土壤的酸碱度，积极采取措施，加以调节。土壤太酸太碱都会限制作物产量及品质，大多数作物均不耐太酸或太碱的土壤，因此，了解土壤的酸碱度对提高农作物的产量和品质有重要意义。

实验方法采用《土壤 pH 值的测定 电位法》（HJ 962—2018）。

一、实验原理

实验以水作为浸提剂，水土质量比为2.5 ：1，将 pH 玻璃电极和参比电极同时插入土壤悬浊液中时，构成一个原电池反应，pH 玻璃电极和参比电极之间产生一个电位差，在一定温度下，电位的高低与悬浊液的 pH 值有关。由于参比电极的电位是固定的，故电位差的大小反映氢离子浓度的大小，即 pH 值的大小。因此，通过测定原电池的电位，即可得到土壤的 pH 值。

二、样品制备

步骤 1：制样工作室要求。

分设风干室和磨样室。风干室朝南（严防阳光直射土样），通风良好，整洁，无尘，无易挥发性化学物质。

步骤 2：制样工具及容器。

风干用白色搪瓷盘及木盘；粗粉碎用木锤、木滚、木棒、有机玻璃棒、有机玻璃板、硬质木板、无色聚乙烯薄膜；磨样用玛瑙研磨机（球磨机）或玛瑙研钵、白色瓷研钵；过筛用尼龙筛，规格为 2~100 目；装样用具塞磨口玻璃瓶、具塞无色聚乙烯塑料瓶或特制牛皮纸袋，规格视量而定。

步骤 3：风干。

在风干室将土样放置于风干盘中，摊成 2~3 cm 的薄层，适时压碎、翻动，拣出碎石、沙砾、植物残体。

步骤 4：样品粗磨。

在磨样室将风干的样品倒在有机玻璃板上，用木锤敲打，用木滚、木棒、有机玻璃棒再次压碎，拣出杂质，混匀，并用四分法取压碎样，过孔径 0.25 mm（20 目）尼龙筛。过筛后的样品全部置于无色聚乙烯薄膜上，并充分搅拌混匀，再采用四分法取其中两份，一份交由样品库存放，另一份作样品的细磨用。粗磨样可直接用于土壤 pH 值项目的分析。

制备后的样品不立刻测定时，应密封保存，以免受大气中氨和酸性气体的影响，同时避免日晒、高温、潮湿的影响。

三、试剂和设备

（一）试剂和材料

除非另有说明，分析时均使用符合国家标准的分析纯试剂。

（1）实验用水：去除二氧化碳的新制备的蒸馏水或纯水。将水注入烧瓶中，煮沸 10 min，放置冷却。现用现制。

（2）邻苯二甲酸氢钾（$C_8H_5KO_4$）。使用前 110~120 ℃烘干 2 h。

（3）磷酸二氢钾（KH_2PO_4）。使用前 110~120 ℃烘干 2 h。

（4）无水磷酸氢二钠（Na_2HPO_4）。使用前 110~120 ℃烘干 2 h。

（5）四硼酸钠（$Na_2B_4O_7 \cdot 10H_2O$）。与饱和溴化钠（或氯化钠加蔗糖）溶液（室温）共放置在干燥器中 48 h，使四硼酸钠晶体保持稳定。

（6）pH 4.01（25 ℃）标准缓冲液：c（$C_8H_5KO_4$）=0.05 mol/L。称取 10.12 g 邻苯二甲酸氢钾溶于水中，于 25 ℃下在容量瓶中稀释至 1 L。也可直接采用符合国家标准的标准溶液。

（7）pH 6.86（25 ℃）标准缓冲液：c（KH_2PO_4）=0.025 mol/L，c（Na_2HPO_4）=0.025 mol/L。分别称取 3.387 g 磷酸二氢钾和 3.533 g 无水磷酸氢二钠，溶于水中，于 25 ℃下在容量瓶中稀释至 1 L。也可直接采用符合国家标准的标准溶液。

（8）pH 9.18（25 ℃）标准缓冲液：c（$Na_2B_4O_7$）=0.01 mol/L。称取 3.8 g 四硼酸钠，溶于水中，于 25 ℃下在容量瓶中稀释至 1 L，在聚乙烯瓶中密封保存。也可直接采用符合国家标准的标准溶液。

注：上述 pH 标准缓冲溶液于冰箱中 4 ℃冷藏可保存 2~3 个月。发现有浑浊、发霉或沉淀等现象时，不能继续使用。

（二）仪器和设备

（1）pH 计：精度为 0.01 个 pH 单位，具有温度补偿功能。

（2）电极：玻璃电极和饱和甘汞电极，或 pH 复合电极。

（3）磁力搅拌器或水平振荡器：具有温控功能。

（4）土壤筛：孔径 2 mm（10 目）

（5）一般实验室常用仪器和设备。

四、试验步骤

步骤 1：称样。

称取 10 g 土壤样品置于 50 mL 的高温烧杯或其他适宜的容器中，加入 25 mL 水。将容器用封口膜或保鲜膜密封后，用磁力搅拌器剧烈搅拌 2 min，或用水平振荡器剧烈搅拌 2 min，静置 30 min，在 1 h 内完成测定。

步骤 2：pH 计校准。

将盛有标准缓冲溶液并内置搅拌子的烧杯置于磁力搅拌器上，开启磁力搅拌器，将电极插入标准缓冲溶液中，待读数稳定后，按确认键，观察仪器示值与标准缓冲溶液的 pH 值是否一致。重复以上步骤，用另一种标准缓冲溶液校准 pH 计，仪器示值与该标准缓冲溶液的 pH 值之差应≤ 0. 02 个 pH 单位，否则应重新校准。

步骤 3：样品测定。

将电极插入试样的悬浊液，电极探头浸入悬浊液液面下垂直深度的 1/3~2/3 处，轻轻摇动试样。待读数稳定后，记录 pH 值。每个试样测完后，立刻用水冲洗电极，并用滤纸将电极外部水吸干，再测定下一个试样。

步骤 4：结果表示。

测定结果保留至小数点后 2 位。当读数小于 2.00 或大于 12.00 时，结果分别表示为 $pH < 2.00$ 或 $pH > 12.00$。

步骤 5：质量保证和质量控制。

每批样品应至少测定 10% 的平行双样，每批少于 10 个样品时，应至少测定 1 组平行双样。两次平行测定结果的允许差值为 0.3 个 pH 单位。

实训二　腐熟堆肥

近年来，随着我国畜禽规模化养殖程度的不断提升，畜禽粪便年排放量不断增多，对环境的污染也越来越严重。随着环保要求越来越高，畜禽粪污处理问题已成为全社会高度关注的热点问题。目前养殖场对粪便的处理方法主要有堆肥发酵法、沼气池分解法、日光干燥法、高热烘干法等，这些方法各有利弊。堆肥发酵法，又称为生物处理法，该方法对环境的危害小，需要的空间有限，投入资金较少，受外界环境影响相对较小，而且处理后结果令人满意，因此很多养殖场中都在采用。

一、腐熟堆肥机理

腐熟堆肥是将粪便与垫草等固体废弃物混合堆积起来，通过控制粪便的水分、酸碱度、碳氮比、空气、温度等环境条件，使微生物在其中大量生长繁殖，降解畜禽粪便中复杂有机物为易被植物吸收的无机质和腐殖质的过程。在此过程中产生大量的热量可使堆内温度达到 60~70 ℃，并能持续较长一段时间，可以有效杀灭粪便中的各种致病菌和寄生虫卵，达到无害化的要求。

二、腐熟堆肥过程

粪便从生粪到最终分解需要经过 4 个阶段，即生粪、半腐熟、腐熟、过劲，该过程主要完成了生粪中的有机质分解，使之变成植物可以吸收的无机物。矿质化是微生物将有机质变成无机养分并释放能量的过程，也就是速效养分的释放。腐殖化则是有机物再合成腐殖质的过程，也是粪肥熟化的标志。各种畜禽粪肥种类不同，但所含有机物主要是碳水化合物和含氮化合物。在堆肥的外层有机物进行有氧分解，含氮化合物经硝化细菌作用，最终被氧化成硝酸，使粪肥达到矿质化；在堆肥内部由于水分过多或压紧形成局部厌氧条件，几乎没有硝酸盐产生，有机质变成腐殖质。此时粪肥发散出臭味，是因为有大量速效氮被释放，当看到堆肥变成腐烂黑色，这表明粪肥已腐熟，且腐熟度比较高。

一般来说，粪便堆腐初期，由于微生物对有机物的不断分解，温度由低向高发展。50 ℃以下为中温阶段，粪便中的微生物主要分解其中所含有的碳水化合物以及蛋白质部分；超过 50 ℃时为高温阶段，粪便中的残存物质被进一步分解，特别是其中较难分解的纤维素部分。木质素等成分由于无法在短时间内通过微生物实现降解，只能在粪便后续利用过程中缓慢分解。在堆肥过程中，伴随着有机物分解和腐殖质形成的过程，堆肥材料的质量和体积也发生着明显的变化，通常由于碳素等挥发成分的分解变化，质量和体积均会减少 1/2 左右。

三、堆肥发酵条件

一是足够的氧气。堆肥初期应保持好氧环境，以利于加速粪肥的氨化、硝化作用；后期使堆肥高度增加，内部产生厌氧条件，便于提高堆肥腐殖化程度和氨的保存。

二是适宜的温度。从好氧堆肥的生物作用过程看，堆内温度应保持在 50~65 ℃，这是监测堆肥发酵过程正常进行的重要指标。若温度过低，表明微生物活动不够，分解作用缓慢。堆肥开始 2~3 周仍不产生高温，就必须重新调整各项条件，以保持发酵过程的顺利进行。温度过高，多种微生物无法生长，会影响发酵的速度，温度应尽量控制在 65 ℃以下。

三是含水率。堆肥发酵最适含水率为 50%~65%。低于 30%，微生物增殖受抑制；高于 75%，空隙率低，氧气不足，好氧发酵不完全，所释放的能量不足以使温度上升到 50 ℃。

四是微生物数量。在畜禽粪便堆肥发酵中起作用的微生物主要包括细菌、真菌及放线菌三大类。微生物的种群随温度的变化而变化，随着堆肥时间的延长，好氧性细菌逐渐减少，放线菌渐渐增多，到末期时真菌（霉菌、酵母菌）显著减少。堆肥首先由中温好氧细菌、真菌（丝状菌）分解糖类、蛋白质后产生高温，其次再由好热性细菌、丝状菌及放线菌等分解，最后再经中温性微生物继续分解而腐熟。

五是养分。堆肥中碳水化合物是微生物生长的能量来源之一，而氮则是组成蛋白质的重要元素。平均每利用 30 份碳需 1 份氮。适宜堆肥物料碳氮比为 25：1。太高的碳氮比会使微生物因为缺乏足够的氮而无法快速生长，使堆肥进展缓慢；太低的碳氮比会使过剩氮会转变成氨，逸散于大气而损失。鸡粪的碳氮比为（9~10）：1，其他各种粪的碳氮比大致为：牛粪（20~23）：1，猪粪（10~14）：1，羊粪 12：1，马粪 13：1。

六是 pH 值。堆肥微生物喜微碱性，即 pH 值为 7.0~8.0 适宜。

七是堆肥时间。堆肥时间主要影响粪肥的安全性、稳定性和无害化程度。鸡粪需 2 周，猪粪、牛粪所需时间稍长，为 3~4 周，但达到完全腐熟需要更长时间（2~3 个月）。

四、堆肥制作流程

步骤 1：发酵前处理。（1）调整粪便的含水率。通过在畜禽粪便中加入各种干物质来实现对水分的控制，加入的物质须保证安全、无毒且对粪便的发酵不会产生阻碍效果。因此，目前常见添加物是各种农作物的秸秆，比如麦糠、稻壳、玉米秸秆、小麦秸秆等，将这些添加物进行简单的铡短或者粉碎即可。（2）调整碳氮比。除牛粪外，一般畜禽粪的碳氮比不足，因此，在畜禽粪便好氧堆肥中最好添加一定量的碳源。（3）调整 pH。为了使微生物活性更好，可以根据投放微生物的种类来进行酸碱调节，如果是喜欢偏碱性的微生物菌群可以在粪便中加入少量生石灰，在微生物发酵过程中其酸碱度又会逐步恢复正常。如果粪便本身的酸碱度符合微生物菌群的生长环境，则不需要调节。（4）混合均匀。

步骤 2：发酵处理。（1）合理选择微生物种类。常见的有枯草杆菌、粪链球菌等微生物用于粪便发酵，效果较好。（2）控制温度。营造出适合微生物不断增殖的温度区间，通常来说 30~50 ℃是微生物菌群较为活跃的温度范围，超过 65 ℃反而会抑制微生物菌群的活性和增殖效率，此时应该使用铲车等设备及时翻堆。（3）适当通气。可以采用翻堆法或者鼓风法进行气体更换。（4）搅拌、翻转。可使发酵处理材料与空气均匀接触，同时有利于材料的粉碎、均质化。（5）控制时间。在满足条件的情况下微生物菌群可以在 7 d 后基本完成腐熟过程。过早腐熟效果不好，过晚则容易造成产品延迟。

五、堆肥腐熟程度的判定

一是测定堆肥温度。堆肥发酵过程会产生热量，数天内可使粪堆内的温度急速上升。一般堆体温度应控制在 55 ℃以下，超过 65 ℃则会造成过熟。高温持续几天后下降，经过几次堆温上升、下降之后，堆温已不再上升，即可认为堆肥已腐熟。

二是有机质分解。堆肥处理过程，有机质因不断分解而减少。经过一段时间，有机质残存率稳定不变时，可认为堆肥腐熟。

三是肥料质量。外观呈暗褐色，松软无臭。首先是观察苍蝇滋生情况，如成蝇的密度、蝇蛆死亡率和蝇蛹羽化率；其次是大肠杆菌值及蛔虫卵死亡率。高温堆肥法卫生评价标准见表 2–1。

表 2–1　高温堆肥法卫生评价标准

序号	项目	卫生标准
1	蛔虫卵死亡率	95%~100%
2	大肠菌值	10^{-2}~10^{-1}
3	苍蝇	有效地控制了苍蝇滋生

练习思考题

一、选择题

1. 土壤 pH 值以（　）为宜。

A.3.7~6.8　　B.4.5~7.6　　C.5.5~8.6　　D.6.6~9.7

2. 苗圃地不能选择前茬作物为（　）的地块。

A. 玉米　　B. 豆类　　C. 非百合科作物　　D. 百合科作物

3.（　），黄花菜根系发育不好，黄花菜就很矮小，保水保肥的能力差，黄花菜容易遭受冻害、旱害，并降低对病虫害的抵抗能力。

A. 土层浅薄　　B. 土层深厚　　C. 地形忽高忽低　　D. 地势高

4. 植物秸秆等废弃物和动物粪便等经发酵腐熟的含碳物料是（　）。

A. 农家肥料　　B. 有机肥料　　C. 微生物肥料　　D. 无机肥料

5. 适宜堆肥物料碳氮比为（　）。

A.10：1　　B.15：1　　C.25：1　　D.30：1

二、填空

1. 粪便从生粪到最终分解需要经过 4 个阶段，即生粪、________、________、________，该过程主要完成了生粪中有机质分解，变成植物可以吸收无机物。

2. 坡度在________以下的山地或丘陵地，可种黄花菜。

3. 常见整地机械设备类型有________、________、________、________。

4. 根据黄花菜花芽分化规律，应做好 4 个时期肥料的增施工作，分别为________、________、________、________。

5. 黄花菜要高产，________要挖伏土，花蕾采摘完毕后深挖翻土，加深和熟化耕作层，疏松土壤，增强________。

三、判断题

1. 化学消毒虽然对环境有一定影响，但化学消毒对土壤中所有线虫都有直接致死作用，消毒彻底，且对微生物群落影响不大。（　）

2. 酒精能降低土壤中含氧量，从而起到灭虫效果。（　）

3. 多菌灵消毒法对防治立枯病、褐斑病、角斑病、炭疽病有良好效果。（　）

4. 通常在定植后的 15 d 左右，对土壤进行深翻，深度一般在 30 cm 以上，打破犁底层。（　）

5. 根据土壤肥力状况和作物养分需求规律，适当补充钙、镁、硫、锌、硼等养分。（　）

四、思考题

1. 简述种植黄花菜的地形地势条件。

2. 整地的重要性有哪些？

3. 简述土壤消毒的作用。

模块三　黄花菜种苗

（6 学时，理论 4 学时、实训 2 学时）

项目一　品种选择

【学习目标】

1. 知识目标：了解种苗生长情况、不同年限黄花菜种苗生长特点，掌握黄花菜种苗选择标准、种苗年限要求。

2. 能力目标：具备观察和分析种苗生长状况的能力，能根据黄花菜种苗的生长特点和年限要求，进行合理的选育和栽培。

3. 素养目标：通过学习黄花菜种苗知识，了解黄花菜在我国农业产业中的重要地位，进一步认识黄花菜种苗质量对产量和品质的影响，促进黄花菜产业的繁荣和发展，为农民增收致富提供技术保障。

任务　选种育苗

一、黄花菜的生长发育特点

黄花菜为多年生草本植物，生育时期可分为苗期、薹期和蕾期。

（一）苗期

苗期从幼苗萌发出土 2~3 cm 到花薹开始显露前，状态如图 3-1 所示。一般平均温度在 5 ℃以上，幼叶开始出土，随着温度升高，叶片数目与叶面积迅速增加，15~20 ℃是叶片生长的最适宜温度。

图 3-1　苗期黄花菜生长状态

（二）薹期

一般将花薹露出新叶到花蕾开始采收的一个多月时间称为薹期，状态如图 3–2 所示。从 5 月中、下旬起，不同品种陆续从植株一侧 8~9 片叶的叶腋间抽生出花薹。花薹露出新叶后迅速生长，一直到采收前期仍在生长。

图 3–2　薹期黄花菜生长状态

（三）蕾期

从花蕾开始采收到采摘完毕为蕾期，状态如图 3–3 所示，一般要经过松苞、破嘴，然后开放。松苞就是花蕾中部开始松散，但未散开。破嘴是花蕾外层三个花瓣先端稍裂开。凡松苞与破嘴的花蕾杀青后，都易发生散蕾现象，因此必须掌握黄花菜开花的时间。

图 3–3　蕾期黄花菜生长状态

二、品种选择

一粒种子可以改变世界，一个优良品种也可以造福万千苍生，因此良种是发展黄花菜生产的基础。黄花菜栽植后，可以生长很多年。长期以来，黄花菜基本上用营养器官繁殖，变异很小，短期内看不到明显的变异。但是，经过几百年乃至上千年的选育和培养，微小的变异逐渐积累，形成了遗传性状稳定、农艺性状明显、经济指标良好、独具地方特色、适合本地区栽植的品种。

选择优质、高产、早熟、肉质厚、抗病虫、抗旱的品种，如猛子花、荆州花、大乌嘴等。一般中熟品种产量较高，早、晚熟品种产量较低。黄花菜的采收期长，适当安排早熟与晚熟品种，做到早、中、晚熟品种合理搭配。

三、育苗处理

选择长势强、植株健壮、生长多年的老黄花菜作种苗。首先，从母株丛挖出部分或全部根茎，抖去泥土，剪去短缩茎下层的黑蒂，并将肉质根上膨大的根剪短到 5~7 cm。其次，将短缩茎上部的苗叶剪留 6~7 cm，并去掉残叶。最后，将修剪好的种苗放入 50% 甲基托布津可湿性粉剂 1 000 倍液或 40% 多菌灵悬浮剂 800 倍液中浸泡 10~15 min 消毒，捞出晾干后待植。

四、种苗年限

植株种植年限越长，则黄花菜的刈割间隔时间越短，鲜干草产量、粗纤维、粗蛋白含量越高。因此，在不影响黄花菜生长的前提下，夏季黄花菜栽培应选择 6 年以上生长健壮、无病虫害的植株。

项目二 黄花菜种苗繁育技术

【学习目标】

1. 知识目标：了解种苗杀菌的意义和重要性，掌握黄花菜种苗切片标准、方法，种苗切根分芽要求，种苗杀菌药剂名称、浓度，杀菌剂稀释要求，种苗杀菌时间。

2. 能力目标：利用黄花菜繁殖育苗技术，合理选择黄花菜种苗切片时间，根据种苗实际情况，能够充分运用所学的育苗方法和技巧，正确操作种苗杀菌技术。

3. 素养目标：通过掌握黄花菜种苗切片、切根分芽和杀菌技术，提高学生对黄花菜种植技术的认识，增强其对黄花菜产业的热爱，培养一批具有专业技能的农业技术人才。同时，这项技术的推广与应用，有助于提高黄花菜产量，增加农民收入，促进地方经济发展，实现乡村振兴战略目标。

任务一 生产性种苗繁殖

黄花菜的繁殖分有性繁殖［种子（杂交）繁殖、杂交选育］和无性繁殖（分株、芽块、切片、扦插、组培等），生产实践中常采用无性繁殖的方法繁殖后代植株。一般的生产性种苗繁殖有分株繁殖、分芽繁殖、切片繁殖 3 种；研究性种苗繁育有种子繁殖、花茎扦插繁殖、单倍体和多倍体育种 3 种；工厂化种苗繁殖主要是脱毒组培快繁。

一、分株繁殖

分株繁殖是最常用的繁殖方法。一种是将母株丛全部挖出，重新分栽；另一种是由母株丛一侧挖出一部分植株做种苗，留下的让其继续生长。春秋时节（8 月中旬至第二年 3 月中旬）进行最为适宜，选择晴天，挖苗和分苗时要尽量少伤根。挖出的根剪去老、弱、病和过多的须根，每株根茎保留 2~3 层根，如图 3-4 所示。边挖边栽，种植于大田，田地翻土施入底肥后覆盖细土，根种植不宜过深，定植后浇足水并适当追肥，在适当时间进行培土有利于根系生长。

图 3-4 黄花菜分株

二、分芽繁殖

黄花菜的茎节间缩短，呈肉质状，埋于地下，在每个肉质茎上着生许多小的凸起，称为隐芽簇，每个隐芽簇含有6个隐芽，交替排列在肉质茎的两侧，隐芽一般不萌发，只有在主侧芽受到损伤时，隐芽才会萌发长出新的个体。

根据黄花菜的特性，把肉质的根状茎按照隐芽的分布，人工用刀切开，通过培养或种植，使隐芽萌发长出新的个体，具体方法如下。

（一）良种株选育

选择符合黄花菜优良特征的生长健壮的多年生植株，挖出并去除残根、枯叶及泥土，把短缩茎用手掰成一个个单株。最好在春秋季进行。

（二）芽块剪取

分横切法和斜切法。横切法是用刀从主芽下边的年痕处把肉质的根状茎横切断，从上往下依次从年痕处或每隔 1~2 cm 处横切一刀，将肉质的根状茎分成若干段，每段保证 2~3 个芽簇。斜切法是将主芽与侧芽呈一定角度斜切，后以相反的角度把侧芽切下来。如图 3–5 所示，不论采用哪一种方式，芽上必须保证有一定数量的肉质根，以便为芽萌发提供充足的营养。

图 3–5　黄花菜分芽

（三）育苗和栽培

所切的芽块可直接栽培于大田，但为保证质量，栽前应进行育苗。整平苗床后进行开沟，行距 20 cm 左右，株距 6 cm 左右。切块育苗覆土要浅，1~2 cm 即可，以保证良好的透气性，便于快速萌发成植株。栽前灌足底水，将育好的苗根系理顺定植，覆土 3~5 cm。已萌发顶芽的芽块，可剪去一部分枝叶，栽植后浇足水，随后在上面覆盖一层地膜，1 个月后及时进行放苗，并加强苗期水肥管理。

三、切片繁殖

此法介于分株繁殖和分芽繁殖之间，是一种较好的种苗快繁方法。它仍然用老蔸繁殖，将一株老蔸切成数片，既增加了繁殖系数，又保持了营养繁殖遗传种性稳定的优点。

切片技术：优选三年生以上的老黄花菜田植株，将其整蔸挖出，先按分株法分取株苗，再将老母根状茎按分芽繁殖培育芽块苗，最后依生产需求可将分株苗按切片繁殖法培育切片苗。据试验研究，每株可纵切成 2~10 片，但以 1/2~1/4 纵切法，切成 2~4 片为好（即一个分株苗纵向劈切成两半或四份，各份均带数条肉质根和部分母根状茎盘组织），如图 3-6 所示。经 20 ℃苗床培育 30~50 d，即可获生长健壮的苗株。切片过多则长出的幼苗纤细，苗床培育时间过长。切片育苗的苗床、营养土、拱棚、管理等与芽块育苗法基本一致。

图 3-6　黄花菜切片

【课程资源】

分株繁殖育苗　　分芽繁殖育苗　　切片繁殖育苗

任务二　研究性种苗繁育

一、种子繁殖

黄花菜属于异花授粉作物，能够自然结果，在不同品种间果实的差异显著。黄花菜主要依靠爆破弹射方式释放花粉，因此将花粉散落到柱头上的难度相对较大，进行人工授粉能很好地解决这一问题。

（一）选择制种的种株

根据优质黄花菜地上部分特征特性，选择生长健壮、无病虫害、栽植 5~8 年的黄花菜。初花期每个花薹上留 4~6 个粗壮花蕾不采摘，让其开花结实留作种子，其余花蕾继续采摘。这样对产量影响较小，并使留下的花蕾有充足的养分供应，种子发育良好。种子裂开后采摘，晾晒干燥后留种备用。

（二）育苗

黄花菜可在春秋季进行育苗，秋播的当年就能萌发形成种苗，比春播的发苗要快，但苗小，冬季易受冻害，不便管理。因此多采用春播。育苗时，整理好苗床后施足底肥，浇水以保证墒情。种子在育苗前先在温水中进行催芽，如图 3–7，然后点播于整理好的苗床上，如图 3–8，行距 15 cm，株距 3 cm，其上覆土，覆土不宜太厚。1 周左右出苗，出苗后进行低温炼苗，以提高种苗的抵抗力。及时除草并预防病虫害，以形成壮苗、健苗。

图 3–7　温水浸泡 24 小时后的种子

图 3–8　点播黄花菜种子

二、组织培养

组织培养又称离体培养，是指从植物体分离出需要的组织器官，并进行培养使其成为完整植株体的操作过程。组织培养能够快速繁殖植株体，对繁殖系数低、不能用种子繁殖的植物具有一定意义。

黄花菜可通过组织培养的方法进行工厂化种苗快速繁殖。以黄花菜的根茎、花梗、花蕾等为外植体，通过诱导、生根培养，可形成完整的植株。组培苗是在无菌、有营养供给、适宜光照和温度、近 100% 的相对湿度的环境条件下生长，因此在生理、形态等方面都与自然条件下生长的小苗存在很大的差异，所以必须通过炼苗，使其在生理、形态、组织上发生相应的变化，逐渐适应外界环境。只有这样才能保证试管苗顺利移栽成功，再进行大田栽培，以获得更高的成活率。

（一）外植体选择

黄花菜的根茎、叶片、茎段、花茎、花梗、花药等均可作为外植体。由于不同外植体内部生理状态不同，最适诱导浓度需求量存在差异，出愈率也存在较大差异。同时，外植体在一定程度上决定着试管苗的发生途径，在相同激素水平处理下，幼叶与花药试管苗发生的途径完全不同。幼叶产生试管苗的途径：幼叶—愈伤组织—组培苗；而花药产生试管苗的途径：花药—不定芽—胚状体—组培苗。

在外植体的选择上，花柄的出愈率虽然较叶片、花高，但是其遗传稳定性较差，因此在实际应用中不宜选用其作为组培外植体。选用花器官为组培外植体时，花瓣再生效果要明显好于心叶、花茎，但是花器官只能在开花期才能获得。而选取根茎作为组培外植体，取材不受季节影响，组培产生的苗健壮易活，在实际生产中较为实用。

（二）外植体的灭菌

常用酒精和升汞等对外植体进行灭菌。一般程序：先将清洗干净的外植体用 75% 酒精浸泡 30~60 s，然后用无菌水冲洗 3~5 次，浸入 0.1% 升汞中 10~15 min，用无菌水冲洗 4~5 次，最后用无菌滤纸吸干待用。

（三）诱导与增殖

黄花菜组培试管苗的发生主要有以下 3 种途径：（1）器官型，即直接从外植体上或从繁殖苗的基部长出试管苗；（2）器官发生型，即外植体—愈伤组织—组培苗，通过诱导愈伤组织的形成，再进一步分化增殖产生试管苗；（3）胚状体型，即首先通过诱导外植体产生不定芽，形成胚状体，进而分化增殖形成胚状体苗。以上 3 种发生方式中，胚状体培养途径因具有出苗数量较多、质量好、繁殖速度快等特点，可作为工厂化育苗的一个有效途径，如图 3–9 所示。

图 3-9　黄花菜组培苗

（四）培养基的筛选

基础培养基一般选择 MS 固体培养基诱导愈伤组织。而在胚状体型发生途径下，使用 MS 培养基和 N 培养基为基础培养基均可以诱导出胚状体。生根培养时，选用 1/2MS 培养基作为基础培养基。不加激素的 MS 培养基，组培苗生根率可达 95% 以上。在黄花菜组织培养的各个阶段，根据外植体选择及培养目的，培养基中激素组合种类及配比浓度存在较大差异。在愈伤组织诱导过程中，MS+2，4– 二氯苯氧乙酸 3~4 mg/L 培养条件下，新叶出愈率最高；而花薹、花丝、花被筒的最佳出愈率的培养基组合为 MS+2，4– 二氯苯氧乙酸 1~2 mg/L。在 MS+2，4– 二氯苯氧乙酸 0.5~1 mg/L+6– 苄氨基腺嘌呤 0.1~0.5 mg/L 条件下，黄花菜根状块茎愈伤组织诱导率达到 90% 以上。花瓣、花柄心叶、花茎愈伤组织诱导最适合培养基，为 MS+2，4– 二氯苯氧乙酸 2~2.5 mg/L+6– 苄氨基腺嘌呤 0.5 mg/L。在组织培养过程中，应根据不同的外植体，选择合适的培养浓度及配比，以增加出愈率。在继代培养过程中，培养基中激素配比大多对愈伤组织诱导不同，在对茎尖愈伤组织继代培养时，MS+6– 苄氨基腺嘌呤 4 mg/L+ 萘乙酸 0.1 mg/L 为最佳组合；在花瓣、花茎、花柄心叶愈伤组织继代培养中，MS+2，4– 二氯苯氧乙酸 2 mg/L+6– 苄氨基腺嘌呤 0.1 mg/L 为最优组合。在诱导生根培养过程中，常用培养基组合为 1/2MS+ 萘乙酸 0.2 mg/L、1/2MS+ 乙哚丁酸 0.2 mg/L（萘乙酸或吲哚乙酸 0.5–1 mg/L），但在以 MS 为基础培养基条件下，无激素处理时生根率可达 96%，而添加萘乙酸后，生根率明显降低。因此，在选择激素时，应充分考虑基础培养基对生根率的影响。

（五）组培苗炼苗移栽

当试管苗长出 3~4 片叶子，新根长至 0.5~1 cm 时即可出瓶移栽。由于试管内外环境差异较大，移栽前应先进行组培苗炼苗。将瓶盖揭开 1~3 d，然后取出小苗，洗去培养基，用吸水纸或纱布覆盖根部 3~4 d，可促使苗根毛的发生，从而增加移栽成活率。将组培苗移栽至加培养液的蛭石中，或栽入（3 ∶ 1）~（4 ∶ 1）比例的河沙和泥土基质中，在基质不灭菌的条件下，幼苗成活率均可达 90%。这可作为工厂化育苗的一种有效途径。

三、花薹扦插育苗

黄花菜采收后，从黄花菜中、上部选苞片鲜绿且苞片下生长点明显的，在生长点的上下各留 15 cm 左右剪下，剪切成 30 cm 左右的茎段，使其平铺插到土中，两端均入土覆盖，茎段有生长点的部分露出地面，插后及时浇水，1 周后即可。

【课程资源】

研究性种苗繁育

任务三　种苗和土壤消毒

随着农业生产水平的不断提高，一些质优价廉、高效低残留的新型杀菌剂及其复配制剂，已经被成功研制并投入使用，占有很大的市场份额，高毒高残留的杀菌剂被逐步淘汰。在化学农药品种中，杀菌剂是一种对病原微生物具有杀灭作用的化学物质，可用于防治真菌、细菌、病毒及线虫引起的病害。它的使用技术要求高于杀虫剂，要想取得优良的防治效果，使用前应掌握杀菌剂使用的一些基本知识。

一、杀菌剂的种类

目前农业生产上使用的杀菌剂，主要作用是阻止病菌孢子萌发或侵入植物体，阻止已侵入的病菌产生新的繁殖体。有的杀菌剂只有一个作用，如硫酸铜、代森锌、石硫合剂、石灰等；有的有两个或三个作用，如多菌灵、三环唑、叶青双、粉锈宁等。有两个或三个作用的杀菌剂多为内吸型杀菌剂，它们不但在植物体外阻断病菌，也可以在植物体内控制住病原菌，使病害不再扩展。因此，在使用杀菌剂之前，一定要弄清杀菌剂的作用机制，然后根据不同作物病害对症选择使用。在众多的杀菌剂中，大体上可以分为以下 3 类。

（一）保护性杀菌剂

保护性杀菌剂仅对作物起保护作用，主要用于控制病害的侵入，喷施后在作物受体表面形成一层保护膜，以阻断病菌与叶片接触。若病菌已经侵入，正处于潜育阶段，保护性杀菌剂则起不到作用。因此，保护性杀菌剂最好在病害发生之前或发生初期使用，才可以保护作物不受危害。在常见的杀菌剂农药中，铜制剂（波尔多液）、硫制剂（石硫合剂）、代森锌、代森锰锌、福美双、克菌丹、敌克松、百菌清、百可得、乙烯菌核利、速克灵、异菌脲等均属于这一类。

（二）治疗性杀菌剂

治疗性杀菌剂是在病菌已经侵入田间作物并显现出症状，但未造成危害的阶段使用，能抑制病菌的蔓延、扩散，或能直接杀死植物体内的病菌。这类农药大多数具有很好的内吸性、传导性，可以从植物表皮渗入，并扩散到叶、茎等各部位。多菌灵、春雷霉素、甲基硫菌灵、三乙磷酸铝、噻菌灵、咪鲜胺、甲霜灵、恶霉灵、嘧菌酯、烯酰吗啉、三环唑、嘧霉胺等均属于此类杀菌剂。如果作物已经发病严重并造成一定损失，再喷洒治疗性杀菌剂，效果较差。

（三）铲除性杀菌剂

铲除性杀菌剂对病原菌有直接强烈的杀伤作用，但植物在生长期，不能忍受这类药剂，因此只能用于植物休眠期和播种前处理土壤、种苗。常见的有福尔马林消毒带菌种子，戊唑醇对小麦条锈病、白粉病的使用，方法得当有铲除作用。杀菌剂使用原则是预防为主、防治为辅，即在病菌发生危害之前或侵入初期进行积极的用药防治。若已发生病害或造成危害之后再用药，即使使用最好的杀菌剂效果也不会令人满意，有时甚至还达不到控制病害的目的。因此，必须在发病前或初期进行防治，才能控制病害的蔓延。

二、杀菌剂的使用方法

（一）田间喷洒（撒）

田间喷洒（撒）是最常用的方法。杀菌剂有多种剂型，如粉剂、微粉剂、可湿性粉剂、可溶性粉剂、悬浮剂、乳油、烟雾剂、水剂等。使用前应详细阅读包装上标注的剂型、使用方法、配制浓度、防治对象，适时施用。喷洒（撒）药粉或药液要求均匀周到，主要对田间生长着的农作物喷药。在田间喷药时注意以下几个问题。

（1）在防治作物病害时，首先应确定病害的种类，然后选用对口的杀菌剂，再根据作物生长期、气候条件和药剂类型考虑使用浓度。一般情况下乳剂的使用浓度比可湿性粉剂低一些。

（2）喷药时间主要由病害的发生、发展规律和气候条件决定。做好病虫害的预测预报，最好在病害快要发生前进行喷药防治。用杀菌剂防治作物病害与用杀虫剂防治作物虫害不同，使用杀虫剂防治害虫有时施一次药即可达到较好的防效，而使用杀菌剂防治作物病害，要多次用药，施药的时间和次数应根据病菌的侵染特性、药剂残效期的长短及气候条件来决定。一般情况下每隔 7~10 d 喷一次，内吸性强的杀菌剂可每隔 10~15 d 喷一次。

（3）注意喷药质量，要求喷雾器内有足够的压力，雾点要细。

（4）避免用药量过大、浓度过高、喷药次数过多、间隔时间过短，以免对作物造成药害。

（5）根据农药的性质进行合理混配，达到增加药效、减少用工量的目的。内吸性杀菌剂长期单一使用，病菌易产生抗药性，因此使用时应与无机硫、代森锰锌等配合使用，以延缓病菌抗药性的发生。杀菌剂与杀虫剂、杀螨剂或其他不同杀菌剂混合使用时，还要看这几种药剂的理化性能，是否会产生化学反应，以免影响药效。

如代森锰锌不能与铜制剂、汞制剂、强碱性农药混合，石硫合剂不能与波尔多液等铜制剂、机油乳剂及在碱性条件下易分解的农药混合。如在生产上必须使用，用药时间应有一定的安全间隔期，一般间隔期为 7~10 d。

（二）土壤消毒处理

植物病害，有很多是由土壤传播的，如猝倒病、青枯病、根腐病、根结线虫病等。防治时对带病的土壤进行消毒，在一定程度上对减轻病害发生、发展起到重要作用。整体或局部防护有多种方法，如直接在苗床、土壤中施药，可以配成药土撒施，或直接喷施药粉。如果是液剂，也可配成毒土或直接注入土中。以熏蒸作用杀菌的棉垄等，需在施药后经一定的时间才可播种，否则药害严重。有的可浇灌药液，或随滴灌的同时施药于土中。可以全田施，也可在播种时带药施药，以减少药的用量。还有的制成复合型颗粒剂使用。土壤处理有一套复杂技术，最好请当地植保部门给予指导。

（三）种苗消毒

种苗消毒用 75% 百菌清可湿性粉剂 600~800 倍液均匀喷洒切好的种苗，喷施后立即进行栽植。许多植物病害是由种苗传播的。因此，种苗的化学处理对病害防治十分重要，是一种经济、有效的病害防治方法。种苗处理中以种子处理最为重要，种子处理的方法有浸种、拌种、热化学法、湿拌法等。常用的种子拌种剂有拌种双、福美双、立克秀等多种杀菌剂。

【课程资源】

选种育苗及种苗杀菌

项目三　实训

【学习目标】

1. 知识目标：掌握黄花菜种苗切片技术和种苗切根分芽技术的操作要领。

2. 能力目标：通过学习，能操作黄花菜种苗切片技术、种苗切根分芽技术，具备独立完成这两种技术操作的能力，并能根据实际情况进行相应的技术创新。

3. 素养目标：通过黄花菜种苗切片技术和种苗切根分芽技术的推广与应用，提高黄花菜产量和品质，促进农民增收，推动我国黄花菜产业的技术创新和产业结构优化升级。

实训一　切片繁殖育苗

一、繁殖育苗方法

步骤 1：母株选择。

切片育苗应选择适宜本地种植、优质高产、抗逆性强、健壮无病、分枝力中等偏上的品种。

步骤 2：切片。

黄花菜采收完毕后，挖出种株，将芽片一株株分开，除去短缩茎周围的毛叶、枯叶，留叶 3~5 cm 长，剪去上端。然后将根状茎自上向下纵切成两片，再依根状茎粗细决定是否需要再分。每株可分切成 2~6 株，多者可达 10 株。

步骤 3：育苗栽植。

切片后用 50% 多菌灵 1 200 倍液浸种消毒 1~2 h，晾干后用细土或草木灰混合黄土拌片育苗。苗床土整平后按 6~10 cm 行距开沟，再以 3~6 cm 株距斜栽入芽片，伤口朝内，芽点向上，而后灌水再覆细土。栽后温度保持 18~28 ℃，苗期保持土壤湿润。约经 7 d 幼苗即可出土，苗高 6~10 cm 时即可移栽。也可暂不出圃，先将叶子剪去，自上向下将苗茎纵切成两片，切口撒上干细土，经约 1 个月再将新发的叶片剪去，从另外一个方向再次纵切，这样每株又可形成 4 个幼苗。

二、优缺点

切片繁殖育苗的优点是育苗成活率高，可达到 90% 以上；生长快，当年秋季切片的，上冻前即可出圃移栽；繁殖系数高，且成本低。缺点与芽块繁殖育苗相同，技术要求较高，也容易伤根、感染病害。

三、注意事项

立秋后的半个月内和次年清明节前后为发芽高峰，为切片繁殖育苗的适宜时期。日均气温 26 ℃时，3~4 d 即可出苗，7 d 左右即萌发新根，次年 4 月出圃时成活率高达 95% 以上，移栽后即有一定产量。分切时每个苗片都要上带苗茎、下带须根，才能保证成苗。出苗前尽量不浇水，防止板结，温度过高时注意遮阳。

实训二　芽块繁殖育苗

黄花菜的根状茎上有顶芽、侧芽，每节上还有隐芽。隐芽一般不萌发，只有当主侧芽损伤时，隐芽才能萌发长出新的个体。根据黄花菜的这一特性，及根状茎和肉质根中含有大量营养物质的特点，提出了根状茎带芽切块繁殖育苗的方法。

一、方法

步骤 1：种株选择。选择无病虫害的 6~9 年生健壮母株的根状茎，挖出后按自然分枝掰开，除去叶鞘及朽根、残叶，露出主侧芽。春、秋两季均可进行，但以秋季较好。

步骤 2：剪芽方法。先将根状茎顶端一年生茎段与其上着生的顶芽、侧芽及二年生根状茎段与其上的侧芽分别剪成 3 个芽块。然后将剩下的根状茎从二列隐芽连线的中间垂直方向，自上而下纵剪成 2 条，再横剪成小块。每个芽块长约 1 cm，带 1 个芽，并带 3~5 条长 3~6 cm 的肉质根。

步骤 3：育苗栽植。切块后用 1% 磷酸二氢钾溶液浸蘸，满足出苗发棵时对磷、钾元素的需求，然后堆块催芽。从种株上端剪下的 3 个芽块，可以直接栽植到大田中，但最好是和其余芽块一起先行播种育苗。苗床整平后开沟栽植，行距 20 cm，株距 6 cm。苗期 2 个月。栽前灌好底水，出苗后及时松土、除草和防治病虫害。

二、优缺点

芽块繁殖育苗的优点是成苗率高，若用 6~9 年生的母株切块，繁殖系数比分株繁殖高 11~17 倍，1 m^2 母株可栽 60 m^2。缺点是技术要求比分株繁殖和种子繁殖高，容易伤根、感染病害。

三、注意事项

芽块繁殖育苗以早秋，即白露至秋分间效果最好，此时日均温度 14~20 ℃，土壤水分充足，有利于生根萌芽，且封冻前可形成一定抗性的苗体，次年发苗早，生长健壮。剪取芽块时，每个芽块上除尽量多带肉质根外，必须具有茎节，这样栽植后茎节上的隐芽可以萌发，不带芽的肉质根不会发芽。隐芽萌发需要良好的通气条件，且根状茎切成小块后，含营养较少，芽出土较难。因此，切块育苗时覆土要浅。育苗密度以 90 万株 /hm^2 为宜，这样既有利于提高单位面积的出苗数，又能提高原种的利用率。密度过大，种苗间竞争养分，相互遮光严重，苗多弱小，还会有相当一部分枯死。

练习思考题

一、选择题

1. 在不影响黄花菜生长的前提下，夏季黄花菜栽培应选择（　）以上生长健壮、无病虫害的植株。

A.3 年　　B.4 年　　C.5 年　　D.6 年

2. 以下是研究性种苗繁殖的是（　）。

A. 分株繁殖　　B. 花薹扦插繁殖

C. 分芽繁殖　　D. 切片繁殖

3. 以下种苗杀菌不是种子处理的方法是（　）。

A. 浸种法　　B. 拌种法　　C. 湿拌法　　D. 土壤消毒处理

4. 在生产上用药时间应有一定的安全间隔期，一般间隔期为（　）。

A.3~5 d　　B.5~10 d　　C. 7~10 d　　D.14~21 d

5. 黄花菜可通过组织培养的方法进行工厂化种苗快速繁殖，以下不能作为外植体的是（　）。

A. 种子　　B. 根茎　　C. 花梗　　D. 花蕾

二、填空

1. 黄花菜为多年生草本植物，其生育时期可分为 __________ 、__________、__________。

2. 植株种植年限越_________，黄花菜的刈割间隔时间越短，鲜干草产量、粗纤维、粗蛋白含量越高。

3. 黄花菜的繁殖分为_______和_______。

4.______又称离体培养，是指从植物体分离出需要的组织器官，并进行培养使其成为完整植株体的操作过程。

5. 杀菌剂中，大体上可以分为三类_______、_______、_______。

三、判断题

1. 一般将花薹露出新叶到花蕾开始采收的一个多月时间称为薹期。（　）

2. 蕾期一般要经过松苞、破嘴，然后开放。松苞就是花蕾外层三个花瓣先端稍裂开。（　）

3. 黄花菜基本上用营养器官繁殖，变异很小，长期内看不到明显的变异。（　）

4. 在防治作物病害时，首先应确定病害的种类，然后选用对口的杀菌剂。（　）

5. 种子繁殖根据优质黄花菜地上部分特征特性，选择生长健壮、无病虫害、栽植 5~8 年的黄花菜。（　）

四、思考题

1. 如何进行黄花菜的品种选择？

2. 简述切片繁殖的优点。

3. 简述芽块繁殖育苗的注意事项有哪些。

模块四　黄花菜田间管理技术

（11 学时，理论 9 学时、实训 2 学时）

项目一　田间管理

【学习目标】

1. 知识目标：掌握黄花菜栽植空气温度和土壤温度要求，栽植时间、栽植密度要求，黄花菜栽植原则。

2. 能力目标：具备分析黄花菜生长环境的能力，能根据实际情况制定合适的栽植方案；能独立完成栽植工作，解决和管理黄花菜生长过程中的问题。

3. 素养目标：通过学习黄花菜栽植技术，提高个人职业技能，为农村经济发展贡献力量；增强环境保护意识，合理利用土地资源，实现可持续发展；传承和弘扬我国黄花菜栽培文化，提升民族文化自信。

任务一　黄花菜栽培技术

一、栽植时间

黄花菜从盛苗期至采摘期不宜取苗栽植，栽植应在外界日平均温度稳定在 15~25 ℃，土壤温度大于 5 ℃ 时栽植。一般以春、秋季栽植为宜。春季栽植在 3 月中旬至 4 月下旬，土层化冻 20~30 cm，返青前为宜；秋季栽植以地上部叶片干枯到大地封冻前为宜，一般在 9 月下旬或 1 月上旬进行较好，地温高，气温低，生根不发芽，菜苗处于休眠半休眠状态，移栽到土中，能较快地适应异地环境，翌年春不再缓苗。秋季栽植的黄花菜，宿根贮存养分较多，植株生长健壮，利于分枝的形成且成活率高，故秋栽比春栽好。

二、栽植形式与密度

（一）丛植

丛植是传统栽植方法，又分单行丛植和宽窄行丛植法两种。

1. 单行丛植

行距 60~80 cm，丛穴距 30~40 cm，每亩栽 1 600~2 000 丛穴，需种苗 3 200~8 000 株，每穴栽 2~4 株成一丛。栽植时穴内可采取单、双片对栽或等边三角形和正方形顶点单片栽植法，穴内株距 10~15 cm。

2. 宽窄行丛植

宽行 100~160 cm，窄行 60~80 cm，穴距 30~50 cm，每亩栽 1 200~2 000 丛，种苗用量与每穴栽植法同单行丛植法。宽窄行丛植边际效应明显，能充分利用光能和地力，在窄行间灌水施肥，宽行间为采摘管理走道。初栽 1~2 年内宽行可间套矮小半耐寒性作物，如菠菜、香菜、小葱等，以增加近期收益。

（二）条栽

采取单株条栽法对个体发育和生产有利，但随着分枝数连年增加，单株逐步变成株丛，株丛之间距离偏短而营养面积减少，且不利于管理，因此进入盛产期后要间隔移植扩栽。该法极有利于分株育苗，能兼顾生产和育苗。

1. 宽窄行单株栽植

一穴只栽一株，宽行 80~100 cm，窄行 50~70 cm，株穴距 15~20 cm，每亩栽 4 000 多株穴。

2. 宽窄行倍株栽植

在合理丛植的基础上，增加每穴的栽植株数，即将栽植的单株加倍变为 2、4、6、8 株，再按宽窄行栽植法进行栽植，有利于速生丰产。一般宽行 80~120 cm，窄行 50~70 cm，穴丛距 30~50 cm，穴丛内株间距 10~15 cm，使纵横成行似方格表状，有利于通风透光。

三、栽植深度

黄花菜根群是从短缩茎周围生长出来的，特点是一年一层，自下而上，发根部位逐年上移。黄花菜栽得深浅与盛产或采摘迟早有密切关系。栽植过浅，分枝过快，缩短生产年限；栽植过深，生产期推后。一般栽植深度以 12 cm 左右为宜。沙壤土可适当深些，黏壤土可适当浅些，总的要求以苗的短茎顶部栽入土中 2~3 cm，露苗 4~5 cm 高为宜。

四、栽植技术

栽植原则：浅栽不露苗根，深栽不埋苗头。移栽时，要使根舒展，周围覆土踏实，并在株丛中间适当添一点土，这样有利于根的发育。秋季栽培，可栽得深些，防止冻害；春季栽培，一般土埋在茎盘上部即可。栽培黄花菜时一定要保证土壤潮湿，如土壤干旱，要及时浇水。

五、定植后幼龄期管理

定植时大小苗分别定植，栽后灌水，2~3 d 后浅锄 1 次，填平裂缝，以利于缓苗。秋季栽植，翌年早春即可萌发出苗。出苗后，及时做好查苗、补苗工作，消除田间杂草。大雨过后，及时排掉田间积水，土壤封冻前浇好越冬水。

【课程资源】

黄花菜的栽植要点

任务二　黄花菜休眠期管理

一、休眠期

休眠期是指自叶片枯黄至翌年叶片萌发所经历的天数。黄花菜年生长发育期内有 2 个休眠期，一个是越夏花后高温休眠期，另一个是越冬低温休眠期。高温休眠是指采蕾后自花薹始枯期到越冬休眠期，光和养分由生殖生长期集中供应地上生长中心花蕾，逐渐转变为营养生长期集中供应地下生长中心肉质贮藏阶段，是挖蔸分株移栽的最佳时期。越冬低温休眠期指黄花菜地上部分从开始枯死，逐渐发展到心叶全部枯死，即大地封冻期 40~60 d，这可完成一定的需冷量负积温。当温度低于 5 ℃，黄花菜开始休眠，低温积累达到或超过黄花菜休眠所需要的数值，才能完成冬休眠。一般最高气温低于 15 ℃、最低气温低于 5 ℃持续时间超过 15 d，南方浅度休眠品种即可完成休眠；北方黄花菜品种一般属于深度休眠品种，最高气温低于 15 ℃、最低气温低于 5 ℃持续时间超过 20~30 d 才能完成休眠。低温持续时间不足，休眠不彻底，未来两三年抽薹少，影响产量。

黄花菜栽植适期以休眠期为佳，越夏花后高温休眠期由生殖生长转向营养生长，培植肉质贮藏根，此时正值伏秋雨季（8~10 月份），极有利于黄花菜栽植，伏秋栽后发棵快，生根量大，第二年就有产量，故伏秋雨季是栽植黄花菜最佳期。越冬低温休眠期到开春后，此时以营养生长为主，经“干冬”后正值早春多风天气（3~4 月份）维持，可栽黄花菜，但已不是最佳栽植期，栽后常因春旱不发棵而难发旺，创伤愈合慢，使当年无产量。

二、休眠期管理技术

（一）割老叶

寒露时，黄花菜叶全部枯黄，要齐地割掉，并烧掉枯枝、烂叶，减轻来年病虫危害。黄花菜采摘后，剩下的花薹和叶片相继枯萎衰老，但仍继续消耗水分和养料，及时割除使养分集中供给地下根部。

（二）堆蔸

黄花菜采摘后，苗叶随即枯死，9 月份又从宿根部发出新叶（冬苗），初霜时枯萎。冬苗生长愈旺盛，产生和积累的有机养分愈多，来年冬苗发芽快，出苗壮。因此，在冬苗枯死后，应随即用肥土堆蔸，有利于新根生长。新植的不必堆蔸。堆蔸以肥沃的塘泥、河泥最好，田泥、菜园土次之。

（三）更新复壮

黄花菜栽植一定年限后，因肥水条件差、管理不善等原因，造成地上部分分蘖成密集的株丛，地下部分产生许多粗糙而肥大的肉质根，这时花蕾减少，采摘期缩短，产量下降，需要更新。更新方法：采收完成后，结合秋季大中耕，在每丛植株的一侧连根挖掉 1/3 的老株，促进整个植株发生新的分枝，萌发新根，达到更新复壮的目的。3~4 年后用同样的方法复壮另一侧。1~2 年后再将剩余的蔸全部挖掉，并深翻土。

三、合理间作

黄花菜移栽后的头两年，植株相对较小，可以在其行间间作一些适合当地生长的低秸秆、浅根系的作物，利用作物根系分布深度的不同、展叶期和收获期的不同进行间作，提高单位面积的经济效益。间作套种方式多种多样。各地应根据自己的土壤、水肥、气候、光照、温度等实际情况，在栽植黄花菜的头两年巧妙选择间作品种，相互搭配，优势互补，取长补短，提高土地的利用率，达到增收的目的。

间作套种时需要注意，在每茬菜之间要进行土壤消毒，以防病虫害传播；耕作土地时，不要伤害黄花菜根系。

项目二　灌溉水和排水

【学习目标】

1. 知识目标：掌握黄花菜各生长阶段排灌要求及特点；正确判断黄花菜旱涝程度；正确操作黄花菜灌水技术。

2. 能力目标：能熟练运用黄花菜各生长阶段的排灌要求，根据灌水与降雨调整灌水次数和灌水量，合理操作黄花菜排水技术。

3. 素养目标：合理利用水资源，降低农业生产成本，提高农业效益，通过黄花菜灌水与排水技术的推广，促进我国农业现代化进程。

任务一　黄花菜灌溉技术

一、黄花菜灌溉情况

宁夏黄花菜核心产区盐池县、红寺堡区属于中部干旱带，全年降雨稀少，且扬黄灌区水资源分配有限。2020 年自治区水利厅分配盐池县黄河水定额为 5 100 万 m^3，定额 3 225 m^3/hm^2；分配红寺堡区黄河水定额为 12 000 万 m^3，定额 5 497.5 m^3/hm^2。目前，盐池县 0.57 万 hm^2 黄花菜主要分布在老扬黄灌区，几乎全部采用高效节水滴管灌溉。红寺堡区 0.53 万 hm^2 黄花菜，其中 0.33 万 hm^2 采用高效节水滴管灌溉，0.2 万 hm^2 采用渠道灌溉。渠道灌溉 1 年灌水 4 次，总计 3 225 m^3。高效节水滴管灌溉 1 年灌水 6 次，总计 2 700 m^3。盐池县黄花菜采用高效节水滴管灌溉费用为 0.36 元 /m^3（包括水费、管理费、日常管道维护费）；红寺堡区黄花菜渠道漫灌区水费为 1 275 元 /hm^2，高效节水滴管灌溉费用为 0.33 万元 /m^2，高效节水灌溉仅 891 元 /hm^2，比渠道漫灌区节省 384 元 /hm^2。水资源短缺是当地黄花菜产业发展的最大瓶颈。

二、灌溉节水技术

（一）滴灌技术

滴灌技术通过低压管道系统将水直接输送到作物根部，实现了定点、定时、定量的灌溉。传统的灌溉方式，如漫灌往往造成大量的水资源浪费，而且需要大量的劳动力来进行操作。相比之下，滴灌技术可以精确控制灌溉水量和灌溉时间，大大减少了水资源的浪费和劳动力成本。同时，滴灌技术还可以根据作物的不同需求，进行针对性的施肥和灌溉，从而提高作物的品质和产量。此外，滴灌技术还可以有效改善土壤结构。传统的灌溉方式容易造成土壤板结，导致土壤透气性下降，影响作物根系的生长。而滴灌技术可以通过缓慢的水流将氧气带入土壤，增加土壤的透气性，促进作物根系的发育，提高作物的抗病能力。总之，滴灌技术是一种先进的农业灌溉技术，具有省水、省工、节能、提高作物产量等优点，适用于各种地形和土壤条件，能有效改善土壤结构，提高作物品质，对于促进农业可持续发展具有重要意义。

（二）喷灌技术

喷灌技术是一种高效、精准的灌溉方法，它将水通过喷头喷洒到空中，形成细小的水滴，对作物进行灌溉。这种技术具有许多优点，包括节水、省工、适应性强等。喷灌系统在大面积农田、果园和绿化地带中具有很高的应用价值。由于其能够精确控制水量和灌溉时间，因此可以有效提高水资源的利用率，降低灌溉成本，提高作物的产量和质量。喷灌技术还可以根据作物的生长需求和季节变化进行调整，从而确保作物在合适的时间获得适量的水分。同时，喷灌系统还可以与施肥相结合，实现水肥一体化管理，进一步提高农业生产效率和作物产量。

（三）微喷灌技术

微喷灌技术是一种介于喷灌和滴灌之间的节水灌溉技术，通过低压管道系统将水输送到作物根部，形成细小水滴对作物进行灌溉。微喷灌具有省水、省工、节能和适应性强等特点，适用于各种地形和土壤条件，能有效改善土壤结构，提高作物品质，是一种高效、节能的节水灌溉技术。

三、滴灌、喷灌和微喷灌的效果对比分析

（一）节水效果

1. 滴灌技术的节水效果

随着全球水资源的日益紧缺，提高水资源利用率已成为农业领域的重要课题。滴灌技术将水直接输送到作物根部，可以大幅减少蒸发和渗漏损失，从而提高水资

源的利用率。研究数据显示，滴灌技术的节水效果非常显著，可达到40%~80%，这一技术成果将对全球农业可持续发展产生深远影响。与传统灌溉方式相比，滴灌技术具有以下优势：首先，能够精确控制灌溉水量，确保作物获得适当的水分供应，从而提高作物产量；其次，可以减少肥料和农药的施用量，降低生产成本，同时减少对环境的负面影响；再次，可以适应各种复杂的地形和土壤条件，使灌溉作业更加高效、灵活。在全球范围内，许多国家已经开始推广和应用滴灌技术。例如，以色列是世界上最早大规模应用滴灌技术的国家之一，其在农业节水方面取得了显著成效。

2. 喷灌技术的节水效果

喷灌技术作为一种高效的节水灌溉方式，相比传统的地面灌溉方式具有明显的优势。喷灌技术通过将水喷洒到作物的表面，极大地减少了水分的蒸发和渗漏损失。一般而言，喷灌技术的节水效果在30%~50%，其在大面积农田的灌溉需求中具有很高的实用性。喷灌技术的节水效果主要体现在以下几个方面。一是减少蒸发损失。与传统的地面灌溉方式相比，喷灌技术将水直接喷洒到作物的叶面和根部，减少了水分在输送过程中的蒸发损失。二是降低渗漏损失。喷灌技术可以更加精确地控制灌溉水量，从而降低水分在土壤中的渗漏损失。三是提高水资源利用率。喷灌技术可以根据作物的需要精确调整灌溉水量和时间，从而提高水资源的利用率。四是减少对土壤结构的破坏。喷灌技术可以避免传统地面灌溉方式对土壤结构的破坏，从而保持土壤良好的结构性和透气性。尽管喷灌技术具有较高的节水效果，但在实际应用中仍需要注意以下几个方面的问题：一是投资成本方面，喷灌系统需要一定的初始投资，包括泵站、输水管道和喷头设备等；二是能源消耗方面，喷灌系统需要一定的动力来驱动水泵和喷洒设备，从而会产生一定的能源消耗；三是运行维护方面，喷灌系统需要定期进行维护，以确保设备的正常运行和灌溉效果的稳定；四是适用范围方面，喷灌技术在不同土壤质地、坡度和作物品种上的适用性可能有所不同，因此在选择喷灌技术时需要充分考虑这些因素。

3. 微喷灌技术的节水效果

微喷灌技术已在全球范围内得到广泛应用。它的工作原理是通过特制的喷头将水以细雨般的雾状喷洒到作物的表面，以达到节水灌溉的目的。这种灌溉技术具有很多优点，其中之一就是显著的节水效果。研究结果表明，微喷灌技术的节水效果在40%~60%，这个数据是在与其他灌溉技术相比较的基础上得出的。例如，滴灌技术的节水效果较高，一般在70%以上，但其应用范围相对有限，主要是在大面积农田中；而喷灌技术的节水效果相对较低，一般在30%以上，但其应用范围较广，适合多种类型的农田。相比之下，微喷灌技术在节水效果上具有较为均衡的表现，节水效果介于滴灌和喷灌之间。这种技术在保持较高节水效果的同时，还具有较好的适用性，能够满足不同农田的需求。

（二）生产效益

1. 滴灌技术对作物产量的影响

滴灌技术可以精确控制灌溉水量和施肥量，实现水资源和养分的高效利用，从而提高作物产量。研究显示，与常规灌溉方式相比，采用滴灌技术种植的作物产量可提高10%~30%。提高的主要原因包括以下几个方面。一是水分高效利用。滴灌技术可以精确控制灌溉水量，确保作物获得足够的水分，同时避免过量灌溉造成的水资源浪费。二是养分精准施用。滴灌技术可以实现施肥与灌溉的有机结合，将肥料直接输送到作物根部，提高肥料利用率，减少肥料流失和对环境的污染。三是维持土壤结构。滴灌技术可以减少灌溉对土壤结构的破坏，保持土壤透气性和透水性，有利于作物根系的生长和对养分的吸收。四是节省劳动力。滴灌技术可以减少灌溉次数，降低劳动强度，降低生产成本，使农民能够将更多精力投入其他农业生产活动中。五是适应性广。滴灌技术适用于各种土壤和气候条件，对于水资源缺乏地区的作物种植具有重要意义。

2. 喷灌技术对作物产量的影响

喷灌技术虽然比传统灌溉方式节省用水量，但对作物根部的直接灌溉效果相对较差。因此，在作物产量方面，喷灌技术的提升较为有限。根据相关研究和实践表明，喷灌技术在作物产量方面的提升幅度一般为5%~15%，且这一增幅因作物种类、生长条件、灌溉频率和其他农业措施的不同而有所差异。总之，喷灌技术作为现代节水灌溉技术的一种，虽然在节约水资源方面具有一定优势，但其对作物产量的提升效果仍然有限。在实际应用中，需要结合当地水资源状况、作物种类和生长条件等因素，综合考虑各种灌溉方式，以实现农业生产的高效和可持续发展。

3. 微喷灌技术对作物产量的影响

微喷灌技术是一种高效的灌溉方式，通过将水用细小的喷嘴喷洒到作物的根部，模拟自然降雨，从而保持作物生长所需的土壤湿度。研究结果表明，微喷灌技术对作物产量具有显著的促进作用。在一项针对不同灌溉技术的产量对比实验中，采用微喷灌技术的作物产量提高了10%~20%，优于喷灌技术，但仍略低于滴灌技术。尽管微喷灌技术在产量方面略低于滴灌技术，但它具有自己的优势，如微喷灌技术相对容易安装和维护，且成本较低，这使得它在大田作物和经济作物的灌溉中得到广泛应用。

（三）经济效益

1. 滴灌技术的经济效益

滴灌技术虽然初期投资较高，但通过节水和增产所带来的经济效益显著。研究表明，与常规灌溉方式相比，采用滴灌技术的农田每亩每年可增加经济效益100~300元。滴灌技术可以精确控制灌溉水量，实现节水的目的，从而降低灌溉成本。同时，由于水分分布均匀，作物生长更为良好，产量也有所提高。因此，虽然初期投资相对较高，但通过节水和增加产能带来较好经济效益。滴灌技术的投资回收期通常在2~3年内，具有较高的经济效益。

2. 喷灌技术的经济效益

喷灌技术虽然初期投资相对较低，但其节水和增产效果不如滴灌技术。尽管如此，喷灌技术仍然具有较高的经济效益。根据相关研究和实践经验，喷灌技术每亩每年的经济效益略低于滴灌技术，在50~150元。这意味着，采用喷灌技术的农民可以在较短的时间内看到投资回报。投资回收期是评估一项技术或投资是否具有成本效益的重要指标。喷灌技术的投资回收期一般为3~5年，农民在采用喷灌技术后的3~5年内可以收回初期的投资成本。

3. 微喷灌技术的经济效益

微喷灌技术的初期投资与滴灌技术相近，是介于喷灌和滴灌之间的一种高效节水灌溉方式，它的节水和增产效果也处于两者之间，具有较高的经济效益。研究表明，采用微喷灌技术进行灌溉的农田，每亩每年的经济效益在 80~200 元。从投资回收期来看，微喷灌技术的投资回收期为 3~4 年。这意味着，在初期投资完成后，农民可以在相对较短的时间内实现盈利。随着水资源的日益稀缺和农业生产对节水灌溉技术的需求不断增长，微喷灌技术在未来的农业发展中将具有广阔的市场前景。

（四）环境效益

1. 滴灌技术对环境的影响

滴灌技术通过精确控制灌溉水量，使水分直接输送到作物的根部，从而最大限度地减少了蒸发和渗漏损失，提高了水资源的利用率。与传统的漫灌方式相比，滴灌技术可节省 30%~50% 的灌溉用水。滴灌技术还能显著减少农药和化肥的使用量。在传统的灌溉方式下，农药和化肥会随着灌溉水渗透到土壤中，其中有一部分会流失到地下水中，从而对环境造成污染。而滴灌技术可以将农药和化肥直接输送到作物的根部，提高了化肥和农药的利用率，降低了对环境的污染。有研究表明，采用滴灌技术可以减少 50%~70% 的农药使用量和 30%~50% 的化肥使用量。滴灌技术还可以减轻农业活动对土壤的破坏。在传统的灌溉方式下，大量的灌溉水会冲刷土壤中的有机质和营养物质，导致土壤肥力下降。而滴灌技术可以减少灌溉水量，减轻对土壤的破坏，保护土壤肥力。

2. 喷灌技术对环境的影响

喷灌技术虽然比传统灌溉方式节省用水量，但仍存在一定的蒸发和渗漏损失。损失主要是由于喷头喷洒出的水雾在落到地面之前，有一部分会蒸发到大气中，另一部分则会渗入到土壤中，无法被作物完全吸收利用。此外，喷灌技术在农业应用中，还可能导致农药和化肥的挥发和流失，对环境产生一定的负面影响。这是因为喷灌技术需要将农药和化肥溶解在水中，通过喷头喷洒到作物上。在这个过程中，一部分农药和化肥会挥发到大气中，造成空气污染，对人体和生物产生不良影响；另一部分农药和化肥则会随着水分渗入土壤中，导致土壤和地下水的污染。因此，为了减少喷灌技术对环境的影响，需要采取一些措施，如优化喷灌系统的设计，提高喷洒均匀度和精确度，以减少蒸发和渗漏损失；同时，尽量选择对环境影响较小的农药和化肥，并精确控制喷洒量，以减少农药和化肥的挥发和流失。

3. 微喷灌技术对环境的影响

微喷灌技术是一种高效、精准的灌溉方法，它通过模拟自然降雨的方式来为作物提供水分，确保作物生长所需的土壤湿度。这一技术具有许多优点，其中最重要的一点是它能够显著提高水资源的利用率。与传统的漫灌方式相比，微喷灌技术能够更加精准地控制灌溉水量，从而避免水资源的浪费。此外，由于微喷灌技术能够维持土壤中的水分含量，从而降低作物的灌溉频率和水资源需求。微喷灌技术还能减少农药和化肥的使用量。这是因为微喷灌技术能够使作物的生长环境更加适宜，从而提高了作物的抗病虫能力。

【课程资源】

黄花菜灌溉技术

任务二　黄花菜排水技术

一、田间排水的重要性

旱涝灾害、土壤盐渍化问题是限制我国许多地区农业发展的重要因素，通过建设完善田间水利工程、提高田间管理能力等方式，治理改良土壤，提高田间排水效率，增强抗旱能力，是保障农业种植正常生产的常用措施。人们认识到通过科学合理的灌溉方式，调控灌溉过程，可以有效促进农业生产。国内外的许多学者针对节水灌溉技术作了大量研究，滴灌、喷灌、微喷灌等技术的推广应用，改变了以往的灌溉方式，减少了水肥浪费，起到了节水、节肥、增产、提质的效果。尤其是在农业用水资源短缺的地区，节水灌溉技术的应用还有效缓解了干旱胁迫、土壤盐渍化对作物生长带来的危害等问题。

灌溉是农田水利中的重要组成部分，排水同样在农业种植中起着十分重要的作用，若忽视排水的重要性，缺少田间排水工程，将会对农田环境和作物生长带来巨大危害。一方面，田间排水效率低，过量降雨或灌溉导致的涝害，会使作物根系受到涝害胁迫，抑制作物生长，导致作物减产，造成经济损失；另一方面，在地下水水质矿化度较高或土壤含盐量较大的干旱地区，若缺乏有效的排水措施而无法对土壤中过度累积的水分进行排疏，则高蒸发量会进一步加剧土壤盐渍化程度，使土壤返盐问题难以控制，最终将导致土壤质量下降，甚至农田退化。

因此，研究人员逐渐意识到田间排水的重要性，关于田间排水的相关研究近年来也在不断丰富。实践结果表明，水泵抽水、修建排水渠、打竖井引水、建立暗管排水等措施可以提高农田的排水效率。不同的排水措施在控制土壤盐分和促进作物生长方面取得了一定的成效。随着对农田灌溉排水方面的深入研究，许多学者认识到农田灌溉与田间排水并不是两个独立的部分，协调灌溉与排水两者间的联系能起到相互促进的积极作用。

二、排水消退规律

农田排水过程主要发生在雨季或灌水期，排水方式主要可分为地表排水和地下排水。由于土壤在沉积过程中产生的细粉砂夹层和不透水层或者弱透水层以及黏土颗粒的定向排列等，往往使垂直方向的渗透系数小于水平方向的渗透系数。因此，在降雨期间，水流垂直向下入渗的同时，土壤的表层区域还会形成强度更大的水平方向的壤中流。此外，水流向下入渗的过程中遇到不连续的相对隔水层后，会在隔水层界面上受阻蓄积，该区域会形成临时的饱和带，从而产生壤中流。地表排水、壤中流和地下排水三者共同构成了农田排水消退过程。

目前国内外对于农田排水的研究主要集中在田间排水的重复利用，排水过程对其他相关水文过程的影响，排水中的氮、磷等元素的含量及其对生态环境的影响，以及不同生育期或灌溉阶段田间排水量的变化情况等方面。而对于农田排水的产生机理、田间水分运动规律等方面的研究较少。合理适当的排水规范对于排水系统的布设实施有着重要的指导意义，而掌握农田排水消退规律对于制定排水规范来说又是至关重要的。因此，了解农田排水消退的规律越来越成为农业排水乃至水资源管理学科的重要内容。国内在退水规律上的研究区域主要集中在我国西部的引黄灌区。根据宁夏引黄灌区作物生长规律，将灌区灌溉期分为春灌、夏秋灌和冬灌，研究发现，灌溉引水量和排水量之间存在较好的线性关系，只是排水量在时间上相对滞后，灌区每年农田排水主要集中在 5~9 月及 11 月。宁夏地区引黄灌区退水沟的水量主要由基流和农田退水两部分组成，其中基流由工业企业废弃污水、城镇生活污水和地下补给退水沟的水量组成；农田退水由灌区退水和汛期降雨产生的径流组成。非灌溉季节的水量多为基流，而灌溉季节主要以农田退水为主。农田排水的水量与当地的降水量、灌溉制度和田间活动关系密切，通常情况下，农田得到补给（如降水、灌水等）时，相应时期的排水量会紧随其后增大，到达峰值后再次回落。若当地已形成了固定的灌水模式，则农田排水量更是会随着周期性波动的规律而变化。

三、排水及地下水埋深对作物生长的影响

地下水埋深的动态变化是影响一个地区土壤盐碱化程度的重要因素之一，尤其是在干旱地区，持续的蒸发作用会导致土壤盐渍化程度不断加重。田间灌溉会影响地下水埋深，灌溉前后地下水位会出现一定的波动，而地下水埋深的变化又会影响作物的生理生长。地下水埋深会对作物根系生长、株体本身生长以及作物蒸发量产生影响，因此一个地区的农业灌水量不仅要考虑作物本身的需水规律，也应考虑地下水埋深。地下水还起到动态调节作物耗水的作用，玉米的生育期耗水量会随着地下水埋深的增加而减少。当地下水位处于较浅状态时，作物会增强对水的吸收能力，但过浅的地下水位会出现土壤返盐的可能性，导致作物根系吸收水分受阻，抑制作物生长。在气候干旱的地区，作物利用地下水补充自身水分需求的可能性会增大，旱季地下水对作物吸水的贡献率可以达到 55.98%。

因此，区域农业种植的发展需要提高对地下水埋深变化的关注，增强农业节水意识。节水灌溉技术的推广和应用改变了以往的灌溉条件，对地下水埋深也产生了不同的影响。随着滴灌比例的增加，地下水补给量会有所下降，滴灌应用对地下水下降的贡献率为24.7%。在农业种植中只关注灌溉，而忽视排水工程的建设，会对一个区域的地下水环境以及农业生产产生诸多影响，排水工程的建设是未来农业可持续发展中不可忽视的重要环节。

【课程资源】

黄花菜排水技术

任务三　合理灌溉

一、栽植后灌溉技术

栽植后及时灌水，黄花菜育苗全生育期滴灌 10 次，每次滴灌 30 m^3/ 亩，第 1 次灌水在栽植后，应灌足水，以后根据干旱程度每隔 10~15 d 滴灌 1 次；全生育期漫灌 3 次，每次灌水 100 m^3/ 亩，第 1 次灌水在栽植后，第 2 次灌水在 5~6 片叶时，第 3 次灌水根据干旱程度进行。南部山区在栽植后应及时灌足第一遍水，当土壤墒情不足（耕层土壤相对含水量＜ 60%）时，应及时灌水，每次灌水量 80 m^3/ 亩。注意灌水与降雨相结合，控制灌水次数、灌水量。

二、日常灌溉技术

黄花菜对土壤水分较为敏感，抽薹前需水量较小，抽薹盛期需水量大，盛花期需水量更大。一般抽薹前不浇水，若遇大旱，可浇水轻灌，使抽薹后地皮不干。若苗期浇水不当，会导致地温偏低，土壤透气性变差，根系生长不良，地上出现黄叶，影响花薹质量。抽薹结蕾期，正值高温季节，黄花菜耗水较大，抽薹期水分充足，则分枝多，花蕾也多，生长快，花期提早。若花期干旱缺水，则花蕾发育不正常，落蕾多，采收期短，产量低。结蕾期一般沙地 5~7 d 浇 1 次，沙土地 2~3 d 浇 1 次，以上午 10：00 前或下午 4：00 后浇水为宜，切忌中午浇水或大水漫灌，以防加剧花蕾脱落，影响产量。

黄花菜苗不耐涝，多雨季节应及时做好排水防涝，否则造成减产，甚至植株死亡；干旱高温季节，适期灌溉，保持土壤湿润，以提高产量和品质，避免因干旱而造成花蕾脱落，产量下降。

三、防止落蕾

黄花菜叶片数量少于 10 片以前的水、肥、光、热、病虫害等因素的影响与该株黄花菜当年能抽生多少花薹，每个花薹上能产生多少分枝，结多少个花蕾有直接关系。当叶片数量超过 10 片时，当年能抽生多少花薹，能生成几个分枝，能有多少花蕾已成定局，后期的条件改善已不能再增加花薹、分枝、花蕾数量，只能提高黄花菜的重量和质量。缺水、缺肥、缺光或发生病虫害，还会造成落蕾，减少花蕾数量，降低黄花菜的产量。

干旱是影响黄花菜落蕾的最重要因素。雨水不足、有灌溉条件的地方，采取灌溉措施解决黄花菜不同时期的需水问题，这是减轻落蕾最有效的办法，也是最经济的方法。灌溉方式多种多样，可以漫灌、喷灌、滴灌、担水浇灌等。

气候干燥、无灌溉条件的黄花菜产区，根据自己的具体条件，采取可行的、有效的方法解决黄花菜大田缺水问题。黄花菜干旱落蕾防治措施主要有以下几点。

一是修建集雨水窖。一家一户在田间地头修建水窖，汛季集雨，旱时抽水或挑水浇灌。

二是雨水集留。在黄花菜株丛周围，沿着黄花菜行修建外高内低的小斜坡，在坡面铺上银灰色地膜，将膜边缘用土压实，使雨水能够流到黄花菜根部，既可起到雨水集留的作用，又可以驱避蚜虫。

三是若遇久旱，用喷雾器在傍晚喷雾补水效果也比较好。

四是可选用 20% 先科哺育液、20% 先科急救液、20% 快速生长剂，依次使用。在黄花菜抽薹后 10~15 d，每亩用 40~60 mL 兑水 30~45 kg，于阴天或晴天傍晚喷雾至叶面、花薹，使之沾满雾珠，喷雾时喷头离植株 40~50 cm 为宜。3 种药品 3 d 喷完，隔 15 d 左右重复喷施一次。

五是任选用 40~80 mL/m^3 的 6- 苄氨基嘌呤、10 mL/m^3 的萘乙酸、10~20 mL/m^3 的 2，4- 二氯苯氧乙酸 3 种药品中一种喷洒，采蕾期每隔 7~10 d 喷一次，喷洒时要选择晴天无风的下午均匀喷洒在花薹上，以溶液快要滴下为止。

项目三　追肥

【学习目标】

1. 知识目标：了解黄花菜育苗追肥的作用和重要性，能正确选择追肥所需要的肥料类型，准确掌握两次追肥时间和施肥方案。

2. 能力目标：提高学生对黄花菜育苗追肥技术的认知和应用能力，使其能够根据黄花菜生长需求合理选择和使用肥料，精确把握施肥时间和方法。

3. 素养目标：学习黄花菜育苗追肥技术，使学生认识到农业技术与生态环境、农民收入和社会发展的密切关系；提高学生对黄花菜产业的关注度，培养学生的社会责任感和使命感，为推动我国黄花菜产业的发展和农业现代化进程贡献智慧和力量。

任务一　追肥肥料类型

一、追肥种类

（一）氨基酸水溶肥

氨基酸水溶肥是一种以氨基酸为主要成分，将植物性、动物性原料进行分解或人工合成的新型肥料，具有速效、无公害等特点，在农业生产中应用广泛。叶面喷施氨基酸水溶肥，植物可通过叶面气孔或表皮细胞直接吸收利用肥料中的营养成分。将氨基酸水溶肥施用于黄花菜，对调节黄花菜生长发育、提高黄花菜品质和产量具有良好的效果。氨基酸主要作用为促进种子萌发，增加叶绿素生物合成，促进植物光合作用，提高植物糖含量，提升植物耐受非生物胁迫的能力，促进植物生长发育等。

（二）氮肥

氮肥的作用，一是促进蛋白质合成以及作物生长。氮素是所有氨基酸的重要成分，而蛋白质又是由氨基酸组成的，因此氮素能够促进蛋白质的合成。细胞分裂作为作物生长发育的基本过程，必须要有蛋白质的参与，并且蛋白质可以作为酶，催化作物体内的多种生理代谢活动，因此氮素能够增强作物的营养生长，增快茎叶部位的生长速度，尤其是叶片的生长。二是促进光合作用。高等植物叶片中含有20%~30% 的叶绿体（作物进行光合作用同化二氧化碳的场所），而叶绿体中的叶绿素 a 以及叶绿素 b 均含有氮，因此氮素能够增加叶片中的叶绿素含量，从而提高作物的光合效率。氮素能够促进叶片生长，增大叶片受光面积，从而增强作物的光合作用。在一定范围内，随着氮素含量的增加，作物光合作用强度逐渐增强。三是增加作物产量以及种子蛋白质含量。氮素增强作物的光合作用，会明显促进作物体内光合产物的积累，从而增加作物的亩产量。氮素能够提高作物种子中的蛋白质含量，从而提高产品的营养价值。

（三）磷肥

磷肥可增加作物产量，改善品质，促进早熟。一是磷可促进细胞分裂，加速幼芽和根系的生长。二是磷可促进呼吸作用及作物对水分和养分的吸收，提高作物对水分的利用效率，以及度过缺水期和短暂干旱的能力。三是磷可促进碳水化合物、蛋白质、脂肪的代谢、合成和运转。四是磷可增强作物的抗逆性，提高抗寒、抗旱、抗盐碱和抗病能力，改善产品的品质，提高产品的市场价值。五是磷可促进豆科作物根系的生长，缩短根瘤的发育和活化所需的时间，增加根瘤的数量、体积和氮素同化量。

（四）钾肥

钾元素能够增强作物的细胞功能，提高作物的抗寒、抗旱、抗病能力；促进作物的光合作用和同化作用，进而提高作物的生长速度和产量；增强作物的营养代谢，使作物生长更加健康，进而提高作物的品质。

（五）硫酸亚铁

硫酸亚铁，亦称铁肥，能够调节土壤酸碱度，促使叶绿素形成，可防治花木因缺铁而引起的黄化病，是喜酸性花木，尤其是铁树不可缺少的元素。农业上还可用作农药。

二、有机肥对黄花菜品质的影响

（一）改善黄花菜品质

有机肥料中的有机质能与土壤中的铅、镉、汞等重金属螯合，减少钴、铬等重金属所形成的怪味，从而改善黄花菜的风味；有机肥料中的微生物能降解土壤中残留的具有“致畸、致残、致癌”危害的农药、除草剂等有害物质；通过以菌杀菌、以菌抑菌、以菌抗菌，控制土壤中有害微生物的滋生和活动，从而减少有害微生物活动所产生的一氧化氮、亚硝酸根离子等有害物质；有机肥在发酵过程中形成大量的抗生素、维生素、胡敏酸、氨基酸、酶等物质，促进黄花菜合成更多的风味物质，因此，增施有机肥能显著改善黄花菜的品质和风味。

（二）增强黄花菜抗性

一是有机肥中既含有黄花菜生长发育必需的氮、磷、钾大量元素，钙、镁、硫等中量元素，还含有锌、铁、钼、硼等微量元素，是营养全面的肥料。而且这些占众多营养元素的比例比较协调，趋近于黄花菜生长发育所需求的比例，可防止黄花菜因为土壤中缺乏某一营养元素而出现生理障碍，满足黄花菜生长发育的需要。二是有机肥给土壤补给大量的有益微生物，使有益微生物占据绝对主导地位，有效控制土壤中根腐病、茎腐病等病菌的滋生，从而减轻土传病菌对黄花菜的浸染和危害。三是有机肥料中含有丰富的腐殖质等有机质，可促进土壤团粒结构的形成，优化土壤的理化性状，提高土壤协调水、肥、气、热的能力，为黄花菜根系生长发育提供优越的环境，促进黄花菜的根系茁壮生长，提高黄花菜抗旱、抗寒等抗御自然灾害的能力。

三、有机肥对黄花菜的供肥特性

（一）保障黄花菜持久需求

黄花菜是多年生经济作物，一年四季都需要供给养分。有机肥料是一种缓效肥料，施用一次，肥效发挥 3~4 年，肥效稳定且持久，能供黄花菜多年吸收利用。有机肥为土壤微生物的生活和繁殖提供了良好栖息环境，扩大微生物种群，增强微生物活动，把土壤中固定的氮、磷、钾、锌、铁、钼等无效养分转化为黄花菜能吸收利用的有效养分，使土壤源源不断地为黄花菜提供再生的养分，保障黄花菜对养分的持久需求。

（二）有效提高黄花菜可持续生产能力

随着科技不断进步，化学肥料种类繁多，但化学肥料营养成分单一，肥效猛，并具有无机盐的性质，对黄花菜生产造成诸多不利影响。一是造成土壤酸化或碱化，导致土壤理化性状恶化。二是容易渗透流失，污染地下水质。三是肥料中含有多种重金属，污染土壤且难以在短期内除去。四是严重影响黄花菜的风味、耐保鲜性和耐加工能力，尤其是氯基复合肥中含有大量氯离子，不但使黄花菜持水性增强，难以脱水制干，而且加工出来的产品呈暗褐色或灰褐色，感官质量下降，使黄花菜的种植效益暴跌。用有机肥替代化学肥料能有效解决上述问题，促进黄花菜生产可持续健康发展。

三、追肥管理

根据宁夏黄花菜主产区（盐池县、红寺堡区）测土配方测试结果，确定追肥品种与施肥量。水溶肥追肥管理见表 4–1，颗粒肥追肥管理见表 4–2。冬肥在冬灌前施入有机肥，施用量为 2 500~3 000 kg/ 亩。

表 4–1　水溶肥追肥管理

种植阶段	施肥次数	氨基酸水溶肥（kg/ 亩）	氮肥（kg/ 亩）	磷肥（kg/ 亩）	钾肥（kg/ 亩）	硫酸亚铁（kg/ 亩）
3 月中下旬	3	1	1	1	1	<1.5
4 月	3	1	2.5	1	2.5	1
6 月下旬	5	——	1.5	1	1.5	——
11 月上旬	1	——	4	2	4	——

注：水溶肥随水滴灌施入。

表 4–2　颗粒肥追肥管理

种植阶段	施肥位置	氨基酸水溶肥（kg/ 亩）	氮肥（kg/亩）	磷肥（kg/ 亩）	钾肥（kg/亩）	硫酸亚铁（kg/亩）	其他
3 月中旬	黄花菜株丛两侧 15 cm 处沿行开沟，沟深约 10 cm	3	6	3	6	4	覆土灌水
4 月上旬		3	6	3	6	2	覆土灌水
6 月中旬		——	8	4.5	8	——	——
11 月上旬		——	4	1.5	4	——	——

注：颗粒肥在土壤开沟时施入。

任务二　黄花菜追肥技术

一、追肥的作用

黄花菜抽薹期，因其根系的活性降低，所以吸收功能逐渐衰退，需要种植人员给予充足的养分供应。当黄花菜根系从土壤中自主吸收养分的能力减弱，种植人员就可以采用追肥的方式对黄花菜及时进行营养补充，满足黄花菜生长的基本需求。合理追肥能够充分挖掘黄花菜的增产潜力，促使黄花菜实现高产、高质的目的，创造更高经济利润。使用追肥能够调整和矫正黄花菜体内的微量元素。当黄花菜缺少微量元素时，就会出现农作物元素缺乏症，不仅影响黄花菜的种植质量，还降低了黄花菜的收获数量，使种植者承受巨大的经济损失。

二、育苗追肥技术

（一）追肥时间

肥料选择含氮、磷、钾的复合肥（有效养分含量≥ 40%），在植株叶片出齐时进行第 1 次追肥，植株长出 5~6 片叶时进行第 2 次追肥，每次追施量 40 kg/ 亩。

（二）水肥一体化追肥技术

黄花菜抽薹期开始随滴灌追施氮肥。选择溶解性好的氮肥料，尿素、水溶性复合肥和液体肥料均可，分次追施。抽薹期追施尿素 5 kg/ 亩，分两次滴入。采收期开始追施钾肥，可选择硝酸钾和硫酸钾，每次 3 kg/ 亩，共追施 12 kg/ 亩。施肥时，每次先滴 2 h 清水，以湿润土壤，然后打开施肥罐进行追肥，滴 1.5~2 h 肥液，施肥结束后再滴 1~2 h 清水，以清洗管道，防止堵塞滴头。每次追肥时先打开施肥罐的盖子，加入肥料。若是固体肥料，量控制在施肥罐容积的 1/2 以内，若是提前溶解好的肥液或液体肥料，量控制在施肥罐容积的 2/3 以内，然后注满水，用木棍搅拌均匀，盖上盖子，拧紧盖子螺栓，打开施肥罐水管连接阀，调整首部出水口闸阀开关，开始追肥。

【课程资源】

黄花菜追肥技术

项目四　中耕除草

【学习目标】

1. 知识目标：了解黄花菜育苗中耕除草的作用和重要性，认识各种类型、型号的除草设备，掌握中耕除草要求。

2. 能力目标：具备分析黄花菜育苗中耕除草问题的能力，能根据实际情况选择合适的除草剂和施用方法；能正确使用各种类型、型号的除草设备，具备与他人合作和交流黄花菜育苗中耕除草经验的能力。

3. 素养目标：通过学习黄花菜育苗中耕除草技术，认识到农业可持续发展的重要性；树立正确的农业观念，关注环境保护和资源利用；提高自身职业素养，为我国农业发展贡献力量。

任务一　中耕除草的操作技术

一、中耕除草的重要性

中耕是指对田间表层土壤进行浅层翻倒，达到疏松土壤、消灭杂草、防止土壤板结的目的。田间杂草泛滥会影响作物的正常生长，消耗土壤肥力，是造成产量损失的主要因素之一。因此，有效的中耕除草手段，能够很大程度提高农作物产量。中耕除草作业是黄花菜生产过程中的重要环节，在消灭田间杂草的同时，疏松表层土壤，提高土壤透气性和肥料利用率，土壤中有害气体得以释放，促进黄花菜的生长，提高产量和品质。

二、中耕除草方式

（一）人工中耕除草

人工除草如图 4–1 所示，有规律的中耕作业能够提高土壤物理和化学性能，为土壤生物活动提供优良环境，加速作物生长，大大提高作物的有机质含量，减少作物病虫害的危险。同时，在保护农田生态环境，降低农药残留等方面有重要作用。每年不少于 4

图 4–1　人工除草

次。第 1 次在施春苗肥时，第 2 次在黄花菜抽薹前，第 3 次在黄花菜采收结束后，第 4 次在割叶后，结合除草给黄花菜株丛施肥、培土。

（二）机械中耕除草

如图 4–2 所示，机械除草作业是保护性耕作的重要组成部分，有很大增产作用。采用机械式除草措施，既不污染环境，又兼具疏松、晾晒土壤，提高土壤透气性，提高地温、蓄水保墒等作用。应利用松土除草机和微型旋耕机等小型机械设备进行中耕除草，每年不少于 3 次。

图 4–2　机械除草

（三）覆膜除草

覆膜除草，一般只用于作物幼苗时期，通过覆盖地膜抑制杂草幼苗生长，可以起到保墒、促进作物发育的作用，如图 4–3 所示。但作用范围有限，使用后地膜会造成白色污染。按以下程序进行：早春黄花菜返青时在黄花菜行间铺设多功能园艺地布，抑制杂草生长；在黄花菜行两侧，做 70 cm 宽、外侧比内侧高出 2 cm 的反坡，铺设黑色或银灰色聚乙烯、聚丙烯薄膜，抑制杂草生长，不要使用发泡聚苯乙烯（EPS）制品；利用地膜除草需在黄花菜采收结束后，从田间移走地膜，进行无害化处理，不能焚烧。

图 4–3　覆膜除草

（四）化学除草剂除草

化学除草剂除草具有省工、省时、成本低等明显优势，使用方法得当，除草效果立竿见影。但过量使用除草剂易使杂草产生耐药性，造成超级杂草的出现。同时如果使用方法不当，如过量使用或错误使用除草剂，不仅会降低黄花菜品质，造成减产，甚至危害人体健康安全，而且除草剂会渗入土壤，污染水源，对生态环境造成巨大的损害。应选用《农药合理使用准则》系列中 GB/T 8321.1—2000、GB/T 8321.2—2000 等规定的化学除草剂，连续喷施 3 次，停止使用 1 年。

三、中耕培土

本着“一次浅，二次深，三次、四次不伤根”的原则进行中耕。黄花菜为肉质根系，需要肥沃疏松的土壤环境条件，以利于根群的生长发育。植株长到 7~8 片叶时，有条件的可用干净无杂草的沙土 2~3 m^3 均匀撒施地面，加厚土层，改良土壤，以防须根上翻。中耕具有疏松土壤，增强透气性，提温保墒，蓄水保水，减少杂草，促进植株健壮生长等作用。

黄花菜的根系为多年生，每年都会向上簇生生长，为促进根系发育，应结合中耕进行培土，使根系通气性良好，利于根系生长发育。培土要逐年进行，但深度应适当控制。黄花菜一般在生育期间中耕 2~3 次即可。春季降雨量增多，土壤易板结，杂草易滋生，应在春苗未出土之前，抢晴天及时进行第 1 次中耕松土。先把株丛顶部的土疏开弄碎，培于株丛周围，以利于春苗萌发出土。同时，还应对行间进行全面中耕，平整土地，清除杂草。第 2 次在抽薹期，结合培土进行。冬季采收后再深耕 1 次。

任务二 中耕除草的设备

目前应用比较多的中耕除草设备有犁铧式、圆盘式、螺旋式、弹齿式以及旋转刀片式等。

一、犁铧式

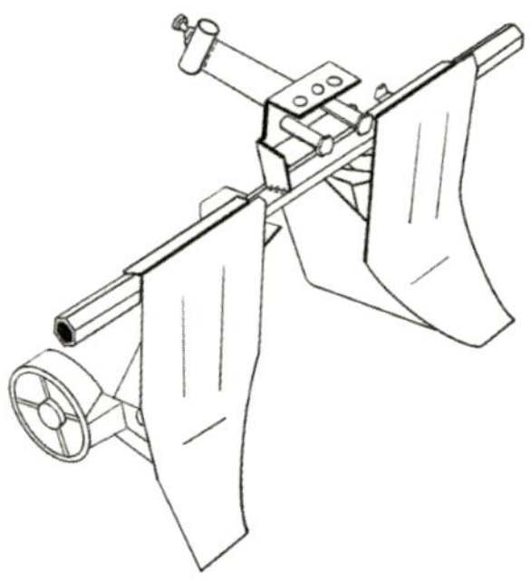

图 4-4 犁铧式中耕除草主设备

犁铧式中耕除草设备可进行除草、松土和培土作业，以提高农作物的生长环境和产量。左右对称的曲面双犁壁具有分流作用，其主设备如图 4-4 所示，作业时可将土壤推向垄腹并向垄顶推挤抛送。由于对原土的翻动较少，对土壤的保肥能力高，作业时不易缠草。但其碎土能力差，培土高度低，消耗功率大，一般只适合小微型田地培土。

二、圆盘式

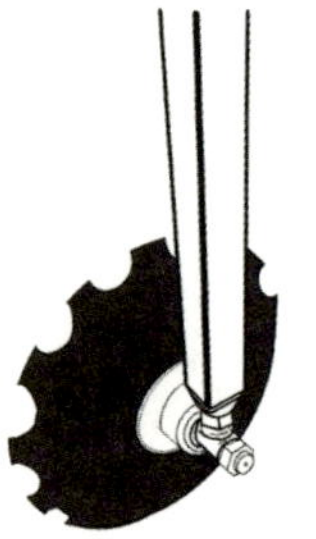

图 4-5 圆盘式中耕除草主设备

圆盘式中耕除草主设备如图 4-5 所示，通过其独特的圆盘设计，结合刮土板的配合，有较好的入土和翻土能力，可破坏表土板结层，疏松下层土壤，切断杂草，通过适当调节圆盘培土器的偏转角和两组圆盘间的距离，可实现其仿形功能，多用于播种施肥时的培土作业，其尺寸结构大小直接影响作业后土垄的高度与宽度以及沟壑大小。作业后，垄形饱满稳定，土壤细碎疏松。

三、螺旋式

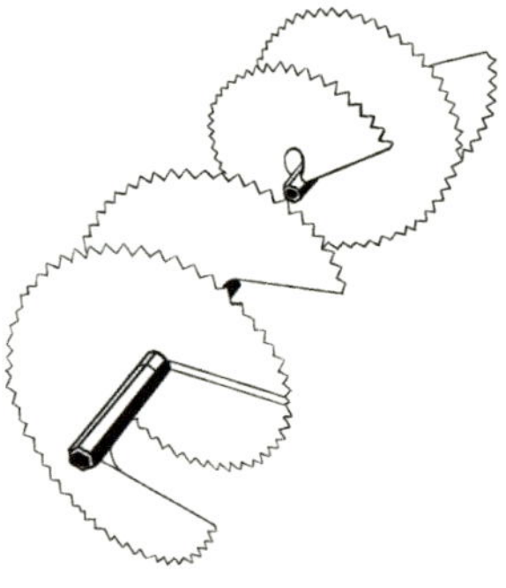

图 4-6 螺旋式中耕除草主设备

螺旋式中耕除草主设备如图 4-6 所示，左右两侧具有螺旋旋向相反并相互错开 90° 的叶片，其作用是切除杂草，翻动土壤，将土壤向垄沟两侧推移输送，实现培土作业。该器具结构新颖，具备复合型功能，优势在于其翻耕深度大。但在黏重土壤的田块中作业，切削下的土壤在推送时会造成轴向阻塞，影响培土质量。

四、弹齿式

弹齿式中耕除草主设备的触土部分小，如图 4–7 所示，作业时如果碰撞硬物可弹起越过，对机具与作物具有一定保护作用。针对不同的垄宽培土，可以通过拆卸或加装弹齿满足作业要求，具有拆装方便、适应性强等优点。但由于其尺寸较小，为达到较好的作业效果，一般都会装配较多弹齿或与其他部件组合，导致整机较重。

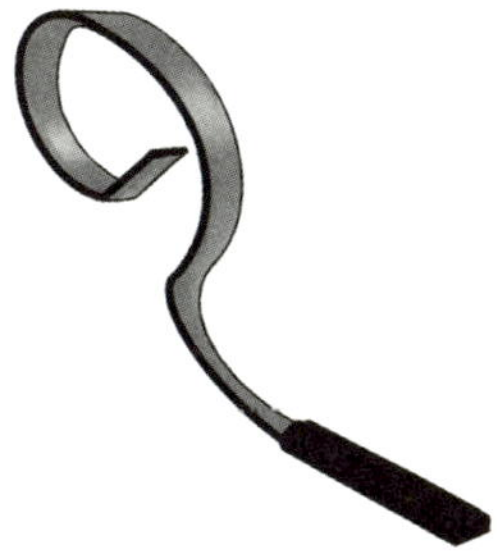

图 4–7　弹齿式中耕除草主设备

五、旋转刀片式

旋转刀片式中耕除草主设备如图4–8所示，作业原理和旋耕机类似，多用于黏重板结、杂草较多的农田作业，具有重量轻、易灭茬、不缠草、易滑切入土且抛土性好等优点，在保证培土稳定性的同时还能降低作业成本。但土壤切削后易喷溅，落点位置难以控制，增加了损伤作物的概率。

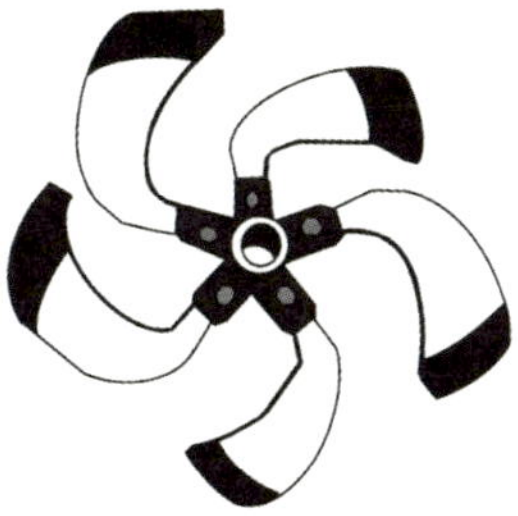

图 4–8　旋转刀片式中耕除草主设备

【课程资源】

黄花菜中耕除草

项目五 实训

【学习目标】

1. 知识目标：了解黄花菜栽植与栽植前的技术要求，掌握土壤水分检测技术。

2. 能力目标：能够独立进行黄花菜的栽植工作，能进行土壤水分检测。

3. 素养目标：弘扬传统农耕文化，推动乡村振兴战略。通过传承和发扬黄花菜种植这一传统产业，促进乡村经济发展，实现产业兴旺，助力乡村振兴。

实训一 黄花菜栽植操作

一、栽植前准备工作

步骤 1：选地。

选择质地疏松、土壤团粒结构好、pH 适宜的地块种植。

步骤 2：整地。

地块选好后深翻整地，翻耕深度 25 cm 左右，达到土壤松软的要求。

步骤 3：施基肥。

结合整地施基肥。栽植地施基肥应符合《肥料合理使用准则通则》（NY/T 496—2002）的规定，一般亩施腐熟的优质农家肥 4 000 kg+ 磷酸二铵 20 kg+ 硫酸锌 5 kg 作基肥。

步骤 4：种苗采集。

黄花菜种苗采取分株繁殖的方法进行繁殖。从多年生长的老黄花菜地刨出 1/3 的老根，去掉主根、烂根，留下支根，确保每根有 1 个单芽。

二、栽植

黄花菜从盛苗期至采摘期不宜取苗栽植，栽植应在外界气温为 15~30 ℃条件下进行。红寺堡区黄花菜栽植时间在 10 月份或 3、4 月份，挖取宿根进行分株栽植。栽植行距 150 cm，穴距 40 cm，穴长 10 cm，宽 10 cm，深 18 cm。每穴栽 4 株，栽在穴的四角，栽植深度 12~18 cm。墒情好的应浅栽，墒情差的应深栽。浅栽的不应露苗根，深栽的不应埋苗头。一般每亩栽植黄花菜种苗 4 447 株。

实训二　土壤水分检测

一、测定原理

土壤样品在 105 ℃ ±2 ℃烘至恒重时的失重，即为土壤样品所含水分的质量。

二、仪器、设备

（1）土钻。

（2）土壤筛：孔径 1 mm。

（3）铝盒：小型的直径约 40 mm，高约 20 mm；大型的直径约 55 mm，高约 28 mm。

（4）分析天平：感量为 0.001 g 和 0.01 g。

（5）小型电热恒温烘箱。

（6）干燥器：内盛变色硅胶或无水氯化钙。

三、试样的选取和制备

（1）风干样：选取有代表的风干样品，压碎，通过 1 mm 土壤筛，混合均匀后备用。

（2）新鲜样：在田间用土钻取有代表性的新鲜样，刮去土钻中的上部浮土，将所需深度处土钻中部的土壤约 20 g 捏碎后迅速装入已知准确质量的大型铝盒内，盖紧，装入木箱或其他容器，带回室内，将铝盒外表擦拭干净，立即称重，尽早测定水分。

四、测定步骤

（一）风干土样水分的测定

步骤 1：取小型铝盒在 105 ℃恒温箱中烘烤约 2 h，移入干燥器内冷却至室温，称重，准确至 0.001 g。

步骤 2：用角勺将风干土样拌匀，舀取约 5 g，均匀地平铺在铝盒中，盖好，称重，准确至 0.001g。

步骤 3：将铝盒盖揭开，放在盒底下，置于已预热至 105 ℃ ±2 ℃的烘箱中烘烤 6 h。

步骤 4：取出铝盒，盖好，移入干燥器内冷却至室温（约需 20 min），立即称重。风干样水分的测定应作两份平行测定。

（二）新鲜土样水分的测定

步骤 1：将盛有新鲜土样的大型铝盒在分析天平上称重，准确至 0.01 g。

步骤 2：揭开盒盖，放在盒底下，置于已预热 105 ± 2 ℃的烘箱中烘烤 12 h。

步骤 3：取出，盖好，在干燥器中冷却至室温（约需 30 min），立即称重。新鲜土样水分的测定应做 3 份平行测定。

注意：烘烤规定时间后一次称重，即达“恒重”。

五、测定结果的计算

1. 计算公式

$$水分（分析基）= \frac{m_1-m_2}{m_1-m_0} \times 100\%$$

$$水分（干基）= \frac{m_1-m_2}{m_2-m_0} \times 100\%$$

式中：m_0—— 烘干空铝盒质量，单位为“g”；

m_1—— 烘干前铝盒及土样质量，单位为“g”；

m_2——烘干后铝盒及土样质量，单位为“g”。

2. 平行测定的结果用算术平均值表示，保留小数后一位。

3. 平行测定结果的相差，水分小于 5% 的风干土样不得超过 0.2%，水分为 5%~25% 的潮湿土样不得超过 0.3%，水分大于 15% 的大粒（粒径约 10 mm）黏重潮湿土样不得超过 0.7%（相当于平行测定结果误差不超过 5%）。

练习思考题

一、选择题

1. 黄花菜栽植应在外界气温为（　　）的条件下进行。

A.5~15 ℃　　B.10~20 ℃　　C.15~25 ℃　　D.25~35 ℃

2. 初栽（　　）年内的黄花菜，宽行可间套矮小半耐寒性作物，如菠菜、香菜、小葱等，以增加近期收益。

A.0~1　　B.1~2　　C.2~3　　D.3~4

3. 春季栽植在（　　），土层化冻 20~30 cm，返青前为宜。

A.1 月下旬至 2 月下旬　　B.2 月中旬至 3 月中旬

B.3 月中旬至 4 月下旬　　D.4 月上旬到 5 月中旬

4. 以下不是宽窄行丛植特点的是（　　）。

A 边际效应明显　　B. 能充分利用光能

C. 能充分利用地力　　D. 灌水施肥在宽行间

5. 在合理丛植的基础上，增加每穴的栽植株数，再按宽窄行栽植法进行的是（　　）。

A. 宽窄行倍株栽植　　B. 宽窄行单株栽植

C. 宽窄行丛植　　D. 单行丛植

6.（　　）工作原理是通过特制的喷头将水以细雨般的雾状喷洒到作物的表面，以达到节水灌溉的目的。

A. 漫灌技术　　B. 滴灌技术　　C. 喷灌技术　　D. 微喷灌技术

7. 作用范围有限，一般只用于作物幼苗时期的除草方式是（　　）。

A. 人工中耕除草　　B. 机械中耕除草

C. 覆膜除草　　D. 化学除草剂除草

8. 当温度低于（　　）黄花菜开始休眠，低温积累达到或超过黄花菜休眠所需要的数值，才能完成冬眠。

A.–5 ℃　　B.0 ℃　　C.5 ℃　　D.10 ℃

二、填空

1. 丛植是传统栽植方法，又分____________和___________两种。

2. 栽植原则是____________、____________。

3. 地温高，气温低，生根不发芽，菜苗处于__________状态，移栽到土中，较快地适应异地环境，翌年春不再缓苗。

4. 株丛之间距离偏短而营养面积减少，且不利于管理，因此进入盛产期后要__________。

5. 栽植过________，分枝过快，缩短生产年限。

6. 农田排水过程主要发生在雨季或灌水期，排水方式主要可分为__________和__________。

7. ________可以适应各种复杂的地形和土壤条件，使灌溉作业更加高效和灵活。

8. 中耕培土的原则__________。

三、判断题

1. 黄花菜从盛苗期至采摘期宜取苗栽植。（　）

2. 秋季栽植的黄花菜比春季栽植的好。（　）

3. 秋季栽植以地上部叶片干枯到大地封冻前为宜。（　）

4. 单行丛植栽植时穴内可采取单、双片对栽或等边三角形和正方形顶点单片栽植法。（　）

5. 在田间用土钻取有代表性的新鲜样，刮去土钻中的上部浮土，装入木箱或其他容器，带回室内，将铝盒外表擦拭干净，立即称重，尽早测定水分。（　）

6. 喷灌技术的节水效果包括减少蒸发损失、降低渗漏损失、提高水资源利用率、减少对土壤结构的破坏。（　）

7. 地表排水、壤中流和地下排水三者共同构成了农田排水消退过程。（　）

8. 化学除草剂连续喷施 3 次，第二年能够继续使用。（　）

` 四、思考题

1. 简述单行丛植与宽窄行丛植的区别。

2. 简述黄花菜栽植前的准备工作。

3. 简述滴灌的优缺点。

4. 缺乏排水管理会导致什么后果?

5. 追肥的作用有哪些?

模块五　黄花菜病虫害防治

（6 学时，理论 4 学时、实训 2 学时）

项目一　病虫害的防治

【学习目标】

1. 知识目标：掌握黄花菜锈病、叶枯病、根腐病、枯萎病、蛴螬、蓟马、蚜虫和红蜘蛛等危害症状、发病原因和发病时间，正确识别、诊断黄花菜病虫害。

2. 能力目标：通过实践操作，学会预防和治理黄花菜病虫害的有效方法，包括农业防治、生物防治和化学防治等。

3. 素养目标：深刻理解黄花菜病虫害防治的重要性，认识病虫害对黄花菜产量和品质的影响，增强环保意识，促进农业可持续发展。

任务一　病害的防治技术

一、锈病

（一）锈病特征

黄花菜锈病与小麦的叶锈病症状相似，是由真菌引起的病害。多发生在花蕾末期，主要影响黄花菜秋季叶片的生长、宿根的养分积累。近年来发病期连年提前，初蕾期就出现过锈病流行。

图 5-1　锈病特征

锈病危害黄花菜的叶片与花茎，初期呈铁锈色泡状斑点，随后破裂，散发黄褐色粉末状孢子，孢子排列没有规则，孢子堆周围的叶片往往失绿而呈淡黄色圈。有明显的发病中心，先是点片发生，逐步扩散全田。严重时，多个疱斑合成一片，导致叶片发生翻卷，且表面覆满孢子，如图 5-1 所示。最终使叶片失绿，逐渐变黄、干枯，甚至枯死。发病后期，其上产生黑色长椭圆形线条状的冬孢子堆，受害病株少抽薹或不抽薹，花茎变红褐色，花蕾干瘪，易脱落，严重的造成全株叶片枯死。此病轻度发生，减产 10%~20%；重度发生，减产 30%~40%。

（二）锈病防治

1. 农业防治

对老苗适时复壮，确保植株生长发育；及时清除病株残叶，合理施用氮、磷、钾肥，增施钾、硼等中微量元素，早松土，勤除草，及时开好排水沟，促进根系发达，培育壮苗。

2. 化学防治

在发病初期，可用 25% 粉锈宁可湿性粉剂 500 倍液喷雾防治；在发病期间用 50% 多菌灵可湿性粉剂 600~800 倍液、75% 百菌清可湿性粉剂 600 倍液、50% 代森锰锌 500~600 倍液或 40% 稻瘟净 600~700 倍液，每隔 7~10 d 喷 1 次，连喷 2~3 次。在采摘前 20 d 停止喷药。

二、叶斑病

（一）叶斑病特征

叶斑病为同色镰孢，属真菌类半知菌。病菌生长适温 15~20 ℃，最高 35 ℃。主要危害叶片和花薹。叶斑病初生为淡黄色小斑，扩大后呈椭圆形大斑，斑缘深褐色，四周具黄色晕圈，中央由黄褐色变成灰白色。花薹染病，初在花茎上产生很小的褐色点，后逐渐扩展成中间凹陷的边缘暗褐色纺锤形或椭圆形斑，中间棕褐色，当病斑扩大环花薹一周后，花薹逐渐枯死。有时几个病斑会合成 10 cm 左右的凹陷病区，影响花薹生长及花蕾形成或致花薹折断枯死。

（二）叶斑病发病因素

主要因菌丝体或分生孢子在秋苗的枯叶上越冬，翌春条件适宜，孢子萌发，产生芽管，浸染叶片或秋苗，经 3 d 潜育即显症状。显症后 7~10 d，病部又产生分生孢子，进行再浸染。黄花菜枯死后，病菌可在枯叶和花薹上越夏，进入秋季浸染秋苗。

（三）叶斑病防治

1. 农业防治

加强管理，黄花菜采摘结束后要及时割苗，割下的苗要运出田外集中销毁；采用配方施肥技术，施足有机肥，在春季出苗、抽薹前和采收旺季分别追施苗肥、催薹肥、催蕾肥，每次追肥以速效氮肥为主，氮、磷、钾配合使用；开沟排水，降低地下水位，防止湿害和涝害；适时更新复壮老苗。

2. 化学防治

在发病初期每亩可用 70% 甲基托布津可湿性粉剂 100 g/L 或 10% 苯醚甲环唑可湿性粉剂 20 g/L，或多菌灵可湿性粉剂 100 g/L，兑水喷雾，隔 7~10 d 1 次，连喷 2~3 次；未发病田块可用 80% 代森锰锌可湿性粉剂进行防治。

三、叶枯病

（一）叶枯病特征

种植两年以上的田块发病较为广泛，受害严重的植株会影响黄花菜的品质和产量。叶枯病主要针对叶片进行危害。最初时出现褐色小斑点，大多出现在叶尖或叶缘，然后会沿叶脉向上下蔓延，逐渐形成褐色条斑，边缘赤褐色，中央深褐色，上密生小黑点，严重时全叶枯死，如图 5-2 所示。病菌可以长期存在病残体上，并可以顺利越冬，易传播，通常发生在 4 月下旬，5、6 月较重。

图 5-2　叶枯病特征

（二）叶枯病防治

可用 25% 戊唑醇粉剂或 50% 多菌灵可湿性粉剂 600~800 倍液等，间隔 6~8 d 喷 1 次，连喷 2 次。

四、黄叶病

（一）黄叶病特征

多为生理性病害，表现为叶片黄化失绿，生长发育缓慢，如图 5-3 所示。发病原因是多方面的，如施肥不当、浇水过多、土壤板结、耕作不当、伤根严重、地下害虫、缺素症等。

图 5-3　黄叶病特征

（二）黄叶病防治

1. 农业防治

要合理运用水肥，耕作方法要适当，特别是生长发育高峰期、施肥中耕等，农田作业应避免伤根，对于因缺素症引起的黄叶病要增加追肥和叶面喷肥，追肥以氮肥、磷钾肥或多元复合肥为主，喷施磷酸二氢钾、铁肥等。

2. 化学防治

黄花菜抽薹前，进行一次全面的病虫害防治，喷洒 500 倍代森锰锌、3 000 倍吡虫啉或啶虫脒，可和有关营养液混合喷洒，达到防病治虫、增加营养的效果。

五、根腐病

（一）根腐病特征

开春是黄花菜根腐病的高发期，表现为返青晚，叶片细小，根茎发黑，肉质腐烂，如图 5-4 所示。初发时点片发生，有明显的发病中心，轻时不抽薹，重时整穴植株死亡。

图 5-4　根腐病特征

（二）根腐病防治

1. 农业防治

繁殖时不能用有疾病田块的根苗；施用有机肥时，不能用其黄花菜叶沤制的堆肥。在发病中心周围挖深、宽各 30 cm 的环形沟，生石灰和土 1∶3 混合土填平沟，进行封锁防扩散。

2. 化学防治

对病穴用 100 倍的波尔多液或 500 倍的 70% 甲基托布津灌根，每穴 1 kg 药液，每 7 d 灌 1 次，共灌 3 次。

六、基腐病

（一）基腐病特征

基腐病大多发生在离地面较近的黄花菜叶鞘基部，严重的整株或外部叶片基部都会感染。最初出现水渍状的小病斑，呈褐色。随着病情的加重，病斑逐渐扩大，稍有凹陷，且褐色加重并呈湿腐状。随后会在患病处出现绢丝状物，呈白色，不断蔓延，直到整个基部，甚至附近的土壤都出现白色绢丝状霉层。

如果环境潮湿，会形成菌核，开始呈黄色，然后逐渐加深至褐色，大小和油菜籽差不多。由于阻断了水分、养分的运输通道，最终导致患病的叶片变黄，产生的菌丝也由外部叶片蔓延到内部叶片，直至整株枯死。病菌可以长期生存在土壤中，通过风雨进行传播。

（二）基腐病防治

1. 农业防治

繁殖时不能用有疾病田块的根苗；施用有机肥时，不能用其黄花菜叶沤制的堆肥。在发病中心周围挖深、宽各 30 cm 的环形沟，用生石灰和土 1∶3 的混合土填平沟，进行封锁防扩散。

2. 化学防治

对病穴用 100 倍的波尔多液或 500 倍的 70% 甲基托布津灌根，每穴 1 kg 药液，每 7 d 灌 1 次，连灌 3 次；或采用 50 % 多菌灵 500~800 倍液或 70% 托布津 800~1 000 倍液，间隔 6~8 d 喷 1 次，连喷 3 次。

七、枯萎病

（一）枯萎病特征

枯萎病为泡状匍柄菌，属真菌界半知菌。病菌生长适温为 15~25 ℃，最高 35 ℃。主要危害叶片和花薹，叶片染病菌始于叶尖或叶缘，病斑褐色，边缘明显，后期病斑内部呈灰褐色，有时多个病斑连成褐色条斑，或从叶尖向下扩展，致局部叶片枯死；花薹染病多在距地表 35 cm 处，呈水浸状病变，后变褐色至深褐色长圆形或椭圆形斑，呈赤褐色枯死。湿度大时，斑面生黑色霉层，即病菌分生孢子梗和分生孢子。

（二）枯萎病发病因素

主要因菌丝体在枯死秋苗上越冬，第二年春季条件适宜时产生分生孢子，借风雨传播。孢子萌发产生芽管侵入黄花菜，后又在病斑上产生分生孢子，进行再浸染。

（三）枯萎病防治

1. 农业防治

选用抗病品种；合理施用腐熟有机肥，在春季出苗、抽薹前和采收旺季分别追施苗肥、催薹肥，每次以速效氮肥为主，氮、磷、钾配合使用；冬苗枯死后用有机肥堆肥；开好三沟，雨后及时排水，避免田间积水或湿度过大。

2. 化学防治

在发病初期每亩用 70% 甲基托布津可湿性粉剂 100 g，或 10% 苯醚甲环唑可湿性粉剂 20 g，或 50% 多菌灵可湿性粉剂 100 g，或 80% 代森锰锌可湿性粉剂 100 g 兑水喷雾，隔 7~10 d 1 次，连喷 2~3 次。

【课程资源】

病害的防治技术

任务二　虫害的防治技术

黄花菜的主要虫害有红蜘蛛、蚜虫、蓟马与地下害虫等。由于黄花菜的食用部位是花蕾和嫩叶，在病虫害防治过程中要禁止使用残留较高的有机氯农药和剧毒农药，在采食嫩叶和采花蕾前 10 d 禁止喷施农药。

一、红蜘蛛

（一）红蜘蛛特征

红蜘蛛学名叫叶螨，细小而形似蜘蛛，如图 5-5，主要危害黄花菜叶片，成、幼虫群集在叶背面，以刺吸式吸口器吸食植株的汁液。被害处呈现淡黄色至焦黄色小点，严重时整个叶片呈灰白色，最终枯死。一般每年 4~7 月均可发生，降雨少，田间干旱情况下发生较重。

图 5-5　红蜘蛛

（二）红蜘蛛防治

于早春清除田间的枯枝落叶等杂物，消除越冬的红蜘蛛。在苗期发现红蜘蛛危害时，用 20% 的双甲脒乳油 1 000~2 000 倍液，或 1.8% 阿维菌素 2 000 倍液，或 73% 克螨特乳油 1 500 倍液，或 50% 辛硫磷乳油 2 000 倍液，进行茎叶喷雾，施药时间以上午 9~10 时、下午 4~5 时效果较好。

二、蚜虫

（一）蚜虫特征

在黄花菜生产中，虫害发生最为普遍、危害性最大的是蚜虫。如图 5-6 所示，蚜虫系无翅胎生，体长 3~5 cm，全身粉白色，卵有小米粒大，幼虫体绿色，有足 3 对，分泌物能引诱蚂蚁，能孤雌生殖，繁殖速度快。蚜虫一年发生 15~25 代，世代重叠，在 20~25 ℃条件下，4~6 d 可完成 1 代。繁殖适温为 22~26 ℃，相对湿度为 60%~75%，一般北方以卵越冬。蚜虫先是群集于叶背，危害叶片，造成叶片失绿和茎秆枯死；后又蔓延到花

图 5-6　蚜虫

薹、花蕾上，刺吸汁液，严重时花蕾全部被虫体覆盖成白色，使花蕾发育不良和脱落，影响黄花菜的产量与品质。

（二）蚜虫防治

防治黄花菜蚜虫应从嫩茎 15~20 cm 高时开始密切注意观察其植株上是否有白色的蚜虫，及时早治。

1. 农业防治

加强肥水管理，培育壮苗；铲除田间以及周边杂草，收获后深翻整地，杀死一部分越冬卵。

2. 天敌防治

充分利用和保护天敌以消灭蚜虫。蚜虫的天敌种类很多，主要分为捕食性和寄生性两类。捕食性天敌主要有瓢虫、食蚜蝇、草蛉、小花蝽等，寄生性天敌有蚜茧蜂。在生产中对它们应注意保护并加以利用，使蚜虫的种群控制在不足以造成危害的数量之内。

3. 植物源农药防治

植物源农药是指有效成分来源于植物体的农药，属于生物源农药的一大类，是植物体产生的多种具有抗虫活性的次生代谢产物，如生物碱类、类黄酮类、蛋白质类、有机酸类和酚类化合物。可选用 10% 烟碱乳油 500~1 000 倍液，或 0.5% 藜芦碱性液剂 200~500 倍液，1% 苦参碱可溶性液剂每亩 0.5~1.2 g 喷雾防治。

4. 化学药剂防治

露地栽培可选用 50% 抗蚜威可湿粉剂 2 000~3 000 倍液，或 20% 吡虫啉可溶性液剂每亩 5~10 g 或 4.5% 高效氯氰菊酯乳油每亩 14.4~26.4 g 喷雾防治，7~10 d 喷 1 次，共 2~3 次，危害重时应 5~7 d 防治 1 次，连续数次，直到完全控制虫口密度。收获前 7 d 停止用药。

三、蓟马

（一）蓟马特征

蓟马成虫体微小，深褐色，翅两对，狭长透明，若虫淡灰色，如图 5-7 所示。成虫和若虫多集中在叶背面或花薹的心叶夹缝中，吸食植株幼嫩组织汁液，危害叶片、嫩梢及花薹正常生长的花蕾，被害的嫩叶、嫩梢变硬，卷曲枯萎，植株生长缓慢，节间缩短。嫩叶受害后叶片

图 5-7　蓟马

变薄，叶片中脉两侧出现灰白色或灰褐色条斑，表皮呈灰褐色，变形，卷曲，生长势弱。受害花蕾短小，严重时花蕾弯曲，失去商品价值。

（二）蓟马防治

1. 农业防治

早春清除田间杂草和残枝落叶，集中烧毁或深埋，消灭越冬成虫和若虫。勤浇水可消灭地下的若虫，勤除草可减轻危害。

2. 物理防治

利用蓟马有趋蓝色的习性，在田间设置蓝色粘虫板诱杀成虫，粘板高度与作物持平。

3. 化学防治

用药要在早晨露水未干时或傍晚进行，药剂可选用 10% 吡虫啉可湿性粉剂 1 500~2 000 倍液，或啶虫脒 1 000 倍液加 2.5% 高效氯氟菊酯 1 500 倍液，每亩喷药液量不低于 30 kg。

四、地下害虫

（一）地下害虫特征

危害黄花菜的地下害虫有蛴螬和地老虎，蛴螬如图 5-8 所示。黄花菜的根部易遭受蛴螬危害，春季随地温上升，蛴螬咬食花肉质根，影响根的吸收功能。

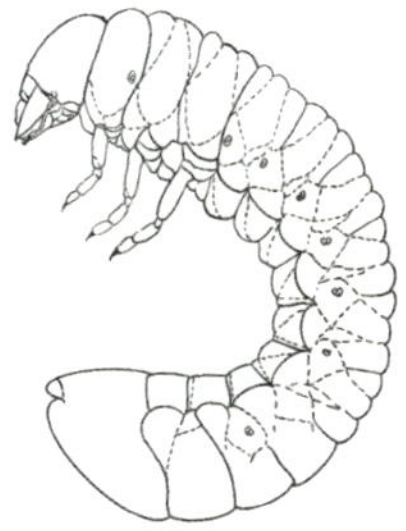

图 5-8　蛴螬

（二）地下害虫防治

发现危害时，用 90% 晶体敌百虫 800 倍液、50% 辛硫磷乳油 1 000 倍液，浇灌在被害植株周围；或用 90% 晶体敌百虫 0.5 kg 兑水 10 kg，喷于 100 kg 切碎的鲜草或菜叶上，在傍晚洒于株间诱杀，第二天早晨在鲜草或菜叶下面捕捉害虫。此法尤其对防治地老虎效果较好。

【课程资源】

虫害的识别诊断

项目二　农药使用

【学习目标】

1. 知识目标：了解农药分类，掌握农药的正确使用方法和安全操作规范。

2. 能力目标：能够识别不同种类的农药，具备合理选择和使用农药的能力；能够独立完成农药的选择、配制和使用。

3. 素养目标：培养学生和农业技术人员良好的农业环保意识，掌握绿色、低碳、安全的农业生产技术；提高学生和农业技术人员的综合素质。

任务一　合理使用病害农药

一、病害农药分类

（一）广谱性杀菌剂

广谱性杀菌剂对细菌性病害有特效，对真菌性病害高效，有效期长达半个月。其缺点是无机铜农药呈碱性，不可与其他农药混配；湿度大时易产生药害。常见药剂有波尔多液、氢氧化铜、噻霉酮、琥珀酸铜等。

（二）保护性杀菌剂

保护性杀菌剂具有高效、低毒的特点，可防治各种真菌性病害。常见药剂有硫黄、石硫合剂、代森锰锌、丙森锌等。

（三）三唑类杀菌剂

三唑类杀菌剂具有内吸性强、持效期长的特点，对高等真菌性病害有很高的活性，对作物生长有一定的抑制作用。常见药剂有戊唑醇、丙环唑、腈菌唑、氟硅唑、苯醚甲环唑等。

（四）酰胺类杀菌剂

酰胺类杀菌剂具有内吸性，对卵菌性病害效果好，其缺点是易使病菌产生抗性。常见药剂有氟吗啉、烯酰吗啉、甲霜灵、恶霉灵、磺菌胺、苯酰菌胺等。

（五）甲氧基丙烯酸酯类杀菌剂

甲氧基丙烯酸酯类杀菌剂具有活性高、渗透性强的特点，能有效防治各种真菌性病害，对作物生长有一定的促进作用。常见药剂有嘧菌酯、吡唑醚菌酯、肟菌酯、丁香菌酯等。

（六）咪唑类和苯并咪唑类杀菌剂

咪唑类、苯并咪唑类杀菌剂具有保护和铲除作用，对高等真菌性病害有明显防治效果。常见药剂有多菌灵、苯菌灵、甲基硫菌灵、咪鲜胺、抑霉唑、氰霜唑等。

（七）抗生素类杀菌剂

抗生素类杀菌剂具有内吸和内渗作用，效果好，持效期长，无抗药性，对人、畜、环境无害。常见药剂有农抗 120、多氧霉素、中生霉素、农用链霉素、春雷霉素等。

（八）抗病毒类杀菌剂

抗病毒类杀菌剂对病毒具有一定的抑制作用，对细菌性和真菌性病害也有一定的防治作用。常见药剂有氨基寡糖素、香菇多糖、盐酸吗啉胍、宁南霉素、氯溴异氰尿酸、辛菌胺醋酸盐等。

二、病害防治原则

防治病害时，切实贯彻“预防为主、综合防治”的植保方针，坚持以“农业防治、物理防治、生物防治为主，化学防治为辅”的综合防治原则，采用各种有效的非化学防治手段，减少农药的使用量。

（一）农业防治

选择抗病能力较强的品种。改善通风透光条件，高发病区适度增大植株行距，增强通风透光能力，适度降低土壤湿度。加强田间管理，勤锄杂草，消除病菌中间寄主。发现病株及时挖出销毁，减少病害传播。

（二）化学防治

只能使用绿色食品规定许可使用范围的药品，黄花菜采蕾前 15 d 和采摘期内不应使用任何化学农药，以确保产品绿色。

三、农药使用方法

农药使用方法因防治对象和农药的毒性、剂型等而异。譬如对危害植物地上部分的病虫，针对不同防治对象选择药剂，采用喷雾法、涂抹法、撒滴法进行防治。防治地下害虫或土传、种传病害及线虫、杂草等，用土壤处理剂、包衣剂、颗粒剂、土壤熏蒸剂等，采用土壤处理法、浸种法、拌种法、种子包衣法、颗粒撒施法、熏蒸法进行防治。农药使用方法多种多样，使用最多的是喷雾法。

（一）喷雾法

根据施药液量选择相应的喷雾器械进行喷雾。大容量喷雾：一般大田作物药液用量 $>600\ \mathrm{L/hm^2}$，果园或林木药液用量 $>1\,000\ \mathrm{L/hm^2}$；中容量喷雾：一般大田作物药液用量 200~600 L/hm^2，果园或林木药液用量 500~1 000 L/hm^2，选择手动喷雾器、大田喷杆喷雾机、果园风送喷雾机；低容量喷雾：一般大田作物药液用量 50~200 L/hm^2，果园或林木药液用量 200~500 L/hm^2，选择背负机动式喷雾机、大田喷杆喷雾机、果园风送喷雾机；很低容量喷雾：一般大田作物药液用量 5~50 L/hm^2，果园或林木药液用量 50~200 L/hm^2，选择手动喷雾器、常温烟雾机、电动圆盘喷雾机、植保无人机；超低容量喷雾：一般大田作物药液用量 < 5 L/hm^2，果园或林木药液用量 < 50 L/hm^2，选择电动圆盘喷雾机、背负机动式喷雾机、常温烟雾机。

（二）浸种法

将种子浸泡在一定浓度的药水分散液里（药液高出种子 10~15 cm），一定时间后将种子取出晾干，对药剂耐受力差的种子还应按要求用清水冲洗后再晾干。

（三）拌种法

用特定拌种设备将拌种药剂与种子按一定比例进行混合。拌种有干拌和湿拌两种，多用干拌法，拌好的种子晾干后尽快播种。

（四）包衣法

用专用的包衣设备将种衣剂包覆在种子表面形成一层牢固的种衣，是一种把防病、治虫、消毒、促长等功能融为一体的种子处理技术。

（五）土壤处理法

采用适宜的方法把农药施到土壤表面或土层中。

（六）熏蒸法

用气态农药或常温下乳油气化的农药在密闭空间对农产品、土壤等进行熏蒸处理，熏蒸结束后通风散气，再进行农事操作。

（七）颗粒撒施法

将农药制成颗粒直接撒入作物、土壤、水体等的施药方法。

（八）涂抹法

用内吸药剂涂抹在植物地上部分茎、干局部的施药方法，有时加入黏着剂提高效果。

（九）洒滴法

将农药专用剂型甩洒或滴入水田、水体中的方法。

【课程资源】

病害农药的分类

任务二　合理使用虫害农药

一、虫害农药分类

按原料来源，虫害农药可分为化学合成杀虫剂、生物源杀虫剂和矿物源杀虫剂3大类。

（一）化学合成杀虫剂

化学合成杀虫剂是指通过人工合成的方法制成的有机化合物杀虫剂，是农药使用中最主要的一类杀虫剂，其化学结构非常复杂，品种多，生产量大，应用范围广，效果好，如敌敌畏、溴氰菊酯等。这一类杀虫剂按照化学组成的不同可分为下列几种。

1. 有机磷杀虫剂

有机磷杀虫剂的分子中都含有磷元素，如丙溴磷、辛硫磷等。

2. 有机氯杀虫剂

有机氯杀虫剂的分子中都含有氯元素，如灭蚁乐、毒杀芬（国内已停止生产）等。

3. 有机氮杀虫剂

有机氮杀虫剂的分子中都含有氮元素，如西维因、叶蝉散、螟蛉畏等。

4. 拟除虫菊酯类杀虫剂

拟除虫菊酯类杀虫剂是人工合成类似天然除虫菊酯的化合物，是一类当前发展最快的杀虫剂，如杀灭菊酯、溴氰菊酯等。

（二）生物源杀虫剂

生物源杀虫剂是指利用天然生物资源（如植物、动物、微生物等）开发的一类杀虫剂。由于来源不同，可分为微生物杀虫剂、植物源杀虫剂和动物源杀虫剂，具有取材方便、成本低廉、控制期长、高效、经济、安全、无污染、与环境高度相容等特点，是当前无公害和绿色蔬菜生产的最佳农药选择。

1. 微生物杀虫剂

微生物杀虫剂种类很多，已发现的有2 000多种，按照微生物的分类可分为细菌、真菌、病毒、原生动物和线虫等杀虫剂。国内研究开发应用并形成商品化产品的主要有细菌类杀虫剂、真菌类杀虫剂、病毒类杀虫剂和抗生素类杀虫剂，包括农用抗生素和活体微生物。农用抗生素类杀虫剂是由抗生菌发酵产生的具有农药功能的代谢产物，如多抗霉素、浏阳霉素、阿维菌素等。活体微生物类杀虫剂是指有害生物的病原微生物活体，如白僵菌、苏云金杆菌、核型多角体病毒、鲁保 1 号等。微生物杀虫剂一般对植物无药害，对环境影响小，有害生物不易产生抗药性。

2. 植物源杀虫剂

植物源杀虫剂由天然植物加工制成，如除虫菊素、烟碱、鱼藤酮、川楝素、油菜素内酯等。此类农药一般毒性较低，对人畜无害，对植物无药害，有害生物不易产生抗药性。

植物源杀虫剂还包括转基因植物体，主要指转基因抗有害生物或抗除草剂的作物，如我国已经大面积推广应用的抗虫棉等。随着生物技术的不断发展，转基因抗虫园林植物将会被广泛应用。

3. 动物源杀虫剂

动物源杀虫剂主要分 4 大类：一是动物产生的毒素，它们对害虫有毒杀作用，如海洋动物沙蚕产生的沙蚕毒素是最典型的动物毒素，已成为杀虫剂的一大类型；二是由昆虫产生的激素，包括脑激素、保幼激素、蜕皮激素等，具有调节昆虫生长发育的功能；三是昆虫信息素，又称昆虫外激素，包括性信息素、产卵忌避素、报警激素等，具有引诱、刺激、抑制、控制昆虫摄食或交配产卵等功能；四是动物体杀虫剂，包括各种商品化的天敌昆虫、捕食螨及采用物理或生物技术改造的昆虫等，如赤眼蜂、蚜茧蜂、丽蚜小蜂等多种天敌昆虫。目前天敌昆虫研究及应用已取得很大进展。

（三）矿物源杀虫剂

矿物源杀虫剂由天然矿物原料为主要成分的无机化合物加工制成，包括砷化物、硫化物、铜化物、磷化物以及石油乳剂等，为杀虫剂发展初期的主要品种。随着化学合成农药的发展，矿物源杀虫剂的用量逐渐下降，其中有些品种如砷酸铅、砷酸钙等已停止使用。

矿物源杀虫剂均起源于自然界，一般毒性很低或无毒，大多数产品在绿色食品生产中使用不受次数、剂量的限制，其选用的原则也是根据虫害的种类、发生时期并结合每种药剂防治对象合理使用。矿物源杀虫剂防治有害生物的浓度与对作物可能产生药害的浓度较接近，使用不慎就会引起药害，喷药质量和气候条件对药效和药害的影响较大。

二、常用虫害农药的剂型

常用的虫害农药都是用原药经过加工制成的各种制剂。其加工的工艺不同则制出的剂型不一样，因而稀释、使用的方法也不一样。

（一）可湿性粉剂

可湿性粉剂的组成为原药、载体（陶土）、表面活性剂（湿润剂）和辅助剂（稳定剂），经粉碎而成，主要用于滞留喷洒。

（二）乳油

乳油与水乳剂将原药按一定比例溶于一定量的溶剂（或水）中，并加入一定的乳化剂，搅拌成均匀透明油状液体，多用于空间和滞留喷洒。

（三）悬浮剂

将固体原药加表面活性剂及少量溶剂，采用利湿法进行超微粉碎，制成黏稠可流动的悬浮体。悬浮剂是一种新型的滞留杀虫剂，比同类可湿性粉剂在使用、效果等方面均具有优越性。

（四）油剂

将杀虫剂有效成分直接溶于煤油（脱臭煤油、航空煤油、柴油等）制成的一种剂型。现有的油剂多装罐制成气雾剂，或用于热烟雾发生机的专用油剂。

其他不需稀释配制、直接使用的剂型还有：烟剂（灭虫片、灭蚊片、蚊香）、气雾剂、毒饵、电热固体（液体）蚊香等。

三、虫害防治原则

一是以保持和优化农业生态系统为基础，建立有利于虫害各类天敌繁衍和不利于虫草害滋生的环境条件，提高生物多样性，维持农业生态系统的平衡。

二是优先采用农业措施，如选用抗病虫品种，实施种子种苗检疫，培育壮苗，加强栽培管理，中耕除草，耕翻晒垡，清洁田园，轮作倒茬，间作套种等。

三是尽量利用物理和生物措施，如温汤浸种控制种传病虫害，机械捕捉害虫，机械或人工除草，用灯光、色板、性诱剂和食物诱杀害虫，释放害虫天敌和稻田养鸭控制害虫等。

四是必要时合理使用低风险农药，如没有足够有效的农业、物理和生物措施，在确保人员、产品和环境安全的前提下，按照规定配合使用农药。

【课程资源】

虫害农药的分类

项目三　实训

【学习目标】

1. 知识目标：能操作农药的稀释配制技术。

2. 能力目标：能够独立进行农药的稀释和配制工作，包括但不限于根据农作物的病虫害情况选择合适的农药，按照正确的比例稀释农药，以及安全、准确地完成配制过程。

3. 素养目标：在农药的稀释配制过程中，应始终保持安全意识，严格遵守农药使用规定和安全操作规程，确保自身和他人的安全；养成良好的职业道德和环保意识，避免滥用农药，减少对环境的影响。

实训　农药稀释技术

一、用药量的计算

（一）有效成分含量

有效成分含量是指制剂中有效成分的多少。其表示方法如下。

——固体制剂有效成分含量。以百分数表示，如“20%”即表示 100 g 制剂中的有效成分含量为 20 g。

——液体制剂有效成分含量。有百分数、质量浓度两种表示方法，质量浓度表示的单位为“g/L”，如，“200 g/L”即表示 1 L 液体制剂中的有效成分含量为 200 g。

（二）药液浓度

药液浓度是指药液中有效成分含量的多少，单位有 mg/L、倍液。关于“倍液”的表述，一要注意“倍液”指的是“制剂”稀释多少倍，不是指有效成分；二要注意所谓稀释多少倍，对于以质量浓度表示含量的液体制剂，一般是体积对体积的概念（即 1 份体积稀释到多少倍体积），对于固体制剂以及以质量分数表示含量的液体制剂则是质量对质量的概念（即 1 份质量稀释到多少倍质量），但鉴于水的相对密度就是 1，用多少 L 与用多少 kg 是一回事，50 g 药剂的 1 000 倍液，可以说兑水 50 kg，也可以说兑水 50 L；三要注意稀释 100 倍及 100 倍以下时，兑的水要减去药剂所占的 1 份，如 50 倍液是 1 份药剂兑 49 份水，若是兑 50 份水，药液浓度偏低，达 2% 左右，而稀释 100 倍以上时这个误差可以忽略不计，何况取水量本身也总会有点误差，如 200 倍液，用 1 份药剂兑 200 份水即可。

（三）单位面积药液用量

农药标签或使用说明书上给出的施药剂量往往是一个范围，一般情况下取其中值；如有害生物尚未严重发生、尚无明显抗药性、施药又掌握在其敏感的生育期或气象条件适合药效的发挥时，则取其下限；如有害生物严重发生、有一定抗药性、不在或不完全在敏感的生育期或气象条件下完全适合药效的发挥时，则取其上限。常规施药不要低于下限，也不要高于上限，以免影响药效、提高用药成本及加大药剂的副作用。单位面积药液用量（兑水倍数大于 100 倍的，可忽略药剂用量的情形，相当于用水量）主要根据喷雾机械性能与作物情况调整，有时也与药剂性质（如内吸药剂可粗放喷雾而减少用水量）、防治对象有关，不是每亩 50 L 的固定值。

（四）用药剂量

用药剂量是指单位面积施用多少有效成分，单位有“g^*/hm^2”，g^* 表示有效成分，即 g^*/hm^2 表示克（有效成分）/ 公顷。计算方法：用药剂量为药液浓度与单位面积药液用量之积。

对于用“倍液”表述用药情况的计算，不涉及施药面积，或者要用多少制剂算出加多少倍的水，或者要用多少水算出需用多少制剂。

对于用“g^*/hm^2”表示的用药剂量，只要知道所用制剂的含量，就可以方便地计算出每 hm^2 制剂用量。

计算公式为：

用药剂量（g^*/hm^2）÷ 制剂质量分数 %（有效成分）= 制剂用量（g/hm^2），

或用药剂量（g^*/hm^2）÷ 制剂质量浓度（g^*/L）= 制剂用量（L/hm^2）。

如某 20% 制剂用药剂量为 30 g（有效成分）/hm^2，则制剂用量为 150 g/hm^2。无论施药农田大小，照面积计算即可。如果在药械的药液箱内直接配药，则按该箱药液施用多大农田面积计算即可。

对一般大田作物，用药剂量以单位面积施用多少有效成分表示，单位为“g^*/hm^2”，故同一种有效成分不同剂型、不同规格的多种制剂，或者不同喷雾器（选用不同的喷雾器，兑水量不同，但只需保证单位面积用药量即可）、单位面积不同药液用量，其用药剂量都可以统一起来。

如施用 20% 固体制剂 1 000 倍液，即相当于药液浓度为 200 mg/L，可按如下方法计算：

1 g（制剂）×20%÷1 000 mL（水）=200 mg（有效成分）÷1 000 mL（水）。

准确核定施药面积，根据产品标签和说明书推荐的使用剂量或植保技术人员的推荐，计算用药量和施药液量。配制不同浓度药液所需农药药量可参考表 6-1 进行换算。

表 6-1　配制不同浓度药液所需农药换算表

农药稀释倍数	配制药液量（L）								
	1	2	3	4	5	10	20	30	40
50	20	40	60	80	100	200	400	600	800
100	10	20	30	40	50	100	200	300	400
200	5	10	15	20	25	50	100	150	200
300	3.4	6.7	10	13.4	16.7	34	67	100	134
400	2.5	5	7.5	10	12.5	25	50	75	100
500	2	4	6	8	10	20	40	60	80
1 000	1	2	3	4	5	10	20	30	40
2 000	0.5	1	1.5	2	2.5	5	10	15	20
3 000	0.34	0.67	1	1.34	1.67	3.4	6.7	10	13.4
4 000	0.25	0.5	0.75	1	1.25	2.5	5	7.5	10
5 000	0.2	0.4	0.6	0.8	1	2	4	6	8

例 1：某农药使用浓度为 3 000 倍，使用的喷雾机容量为 30 L，配制 1 桶药液需加入的农药量为多少？

先在表“农药稀释倍数”栏中查到 3 000 倍，再在“配制药液量”栏中查 30 L，两栏交叉点的对应值为 10 g 或 10 mL，此数即为所需加入的农药量。

例 2：某农药使用浓度为 1 000 倍，使用的喷雾机容量为 12.5 L，配制 1 桶药液需加入多少农药？

先在表“农药稀释倍数”栏中查到 1 000 倍，再在“配制药液量”栏中查 10 L、2 L、1 L，两栏交叉点的对应值相加为 10+2+0.5（1 L 表值为 1，则 0.5 L 为 0.5），累计得 12.5 g 或 12.5 mL，此数即为所需加入的农药量。

例 3：某农药使用浓度为 1 500 倍，使用的喷雾机容量为 7.5 L，配制 1 桶药液需加入多少农药？

本例中所使用的农药液量和喷雾剂容量都不是表中的标准数据，对于此类情况可以直接用下列公式计算：

所需的农药制剂数量（g 或 mL）=［配制药液的目标数量（kg 或 L）÷ 农药稀释倍数］×1 000。

则本例中所需加入的农药量为（7.5 ÷ 1 500）×1 000=5（g 或 mL）。上述公式对例 1 和例 2 同样适用。

二、制剂的量取

有的厂家为方便用户，对固体制剂或液体制剂都采用小包装，根据药效高低最小包装净重只有 10 g（mL）或 5 g（mL），甚至更少，也有的恰好为 1 亩用量。故用量即以 1 个或若干个小包装计，如小包装本身或内袋材质是水溶性薄膜，则配制药液时可以连同包装一并投入水中，省去了量取制剂的麻烦。国外有的厂家设计出了具有量取功能的较大包装（数百克或数百毫升），可以分批次取出一定量的制剂，很是方便。

（一）量取乳油、水剂等液态农药制剂

1. 量取方法

以质量浓度表示液体制剂，最好使用体积量具，如量筒、量杯、吸液管等。有的液体制剂附送量杯，套在药瓶上，可以利用；有的药瓶上有体积刻度，可以参照着量取，但这样取药体积不太准确。不要随意用药瓶外盖量药，既不准确又会污染包装。以百分数表示的液体制剂，量取药剂时应用称重法。

2. 量取时应注意的事项

在倒取瓶状液体农药时，药瓶的内外盖开启后，要倒过来放在配药台面上，以

免盖子下侧面沾有的药剂污染台面或将台面上的脏物带到药瓶内；向外倒药时尽量不要让药剂流到药瓶外侧；操作时标签冲手心，以免被不慎流出的药剂污染；取出所用药剂后立刻盖好拧紧内外盖。对乳油等含有大量有机溶剂制剂的量取，不要用聚氯乙烯材质的器具，以免发生塑料“溶胀”现象。对悬浮剂，量取时先检查是否上有清水层或下有沉淀层，必要时摇匀或搅匀，再依据其规格按质量或体积量取药剂。量取时避免药液流到筒或杯的外壁。量杯的上口大，药液不易流到外面，在化工业和医疗业的器材商店都有这种塑料量杯或玻璃量杯出售。用量筒或量杯量取药液时，要使筒或杯处于垂直状态，否则量取的药液体积会发生偏差。在倒取灌装液体农药时应小心，避免飞溅和溢出（如有必要，使用漏斗灌注）。不要用管子吸取液体农药。

（二）量取可湿性粉剂、颗粒剂等固态农药制剂

1. 量取方法

量取农药时，要使用称量器具，如“感量”0.1 g 的台秤。取药可用小塑料勺，在台秤上可用烧杯或蜡光纸盛药，也可将制剂最小包装放在台秤上用“减重法”量取。对小包装农药也可采用等分法量取农药。

2. 量取时应注意的事项

量取药剂应尽量做到精准，不可存在“差不多”心理，以免最终影响施药剂量。在一次施药时最好用掉最小包装的整包药剂。从包装内取制剂时，开口应尽量小并且在取出所用药剂后能方便地将开口封好；操作时要尽量稳、准，不要撒落他处；不能取出太多再往回倒；不要污染药剂包装外侧，要保持标签完整。在称取粉剂和可湿性粉剂时，避免粉尘飞扬。倒药时，人应站在上风口，以便风吹走农药粉尘或溅出的农药。使用口袋或带有标记的口袋称量粉剂时，不要以手代勺。在倒取超低用量农药时，应在避风处进行。

【课程资源】

农药的使用方法

药剂取用量计算

制剂的量取方法

练习思考题

一、选择题

1.（　）具有内吸和内渗作用，效果好，持效期长，无抗药性，对人、畜、环境无害。

A. 抗病毒类杀菌剂　　B. 保护型杀菌剂

C. 广谱性杀菌剂　　D. 抗生素类杀菌剂

2. 叶斑病病菌生长最高温度为（　）。

A.15 ℃　B.25 ℃　C.35 ℃　D.45 ℃

3. 黄叶病发病原因不会是（　）。

A. 施肥不当　B. 浇水过少　C. 土壤板结　D. 耕作不当

4. 由于黄花菜的食用部位是花蕾和嫩叶，在病虫害防治过程中要禁止使用残留较高的有机氯农药和剧毒农药，在采食嫩叶和采花蕾前（　）禁止喷施农药。

A.5 d　B.10 d　C.15 d　D.20 d

5. 单位面积施用多少有效成分称为（　）。

A. 有效成分含量　　B. 药液浓度

C. 单位面积药液用量　　D. 用药剂量

二、填空

1. 无机铜农药呈________性，不可与其他农药混配，湿度大时易产生药害。

2. 基腐病患病的叶片，由于__________，最终导致其变黄枯死。

3.________主要危害黄花菜叶片，以成、幼虫群集叶背面，以刺吸式吸口器吸食植株的汁液。

4. 感染_________，病斑褐色，边缘明显，后期病斑内部呈灰褐色，有时多个病斑连成褐色条斑，或从叶尖向下扩展，致局部叶片枯死。

5. 常用虫害农药的剂型分为________、________、________、________。

三、判断题

1. 黄花菜锈病与小麦的叶锈病症状相似，是由真菌引起的病害。（　）

2. 黄花菜根腐病轻时不抽薹，重时整穴死亡。（　）

3. 对于颗粒剂农药，利用适当的填充料与之混合，稀释时可采用干燥的软土或酸碱性互补的化肥作填充料，按一定的比例搅拌均匀即可。（　）

4. 叶枯病可用 25% 戊唑醇粉剂，或 50% 多菌灵可湿性粉剂 600~800 倍液等，间隔 6~8 d 喷 1 次，连喷 2 次。（　）

5. 蓟马先危害叶片，后又蔓延到花薹、花蕾上，刺吸汁液，严重时花蕾全部被虫体覆盖成白色，使花蕾发育不良和脱落，影响黄花菜的产量与品质。（　）

四、思考题

1. 如何防治蓟马虫害？

2. 简述虫害的防治原则。

3. 简述叶枯病的特征。

模块六　黄花菜的生产管理

（11 学时，理论 5 学时、实训 6 学时）

项目一　黄花菜的采收管理

【学习目标】

1. 知识目标：了解新产品加工方法，掌握黄花菜种苗采收及贮藏要求、黄花菜种苗分拣要求、黄花菜种苗采挖及贮藏技术。

2. 能力目标：提高学生对黄花菜种苗采收、分拣、贮藏等技术的实际操作能力，使其能够独立完成黄花菜种苗的生产过程，提高产量和质量。

3. 素养目标：通过学习黄花菜种苗采收、分拣、贮藏等技术，提高学生对农业产业的认知，同时，增强学生的社会责任感，积极参与农业技术推广和普及工作，使其成为推动农业现代化发展的中坚力量。

任务一　黄花菜的采收分拣

一、成熟黄花菜特点

黄花菜长到充分长度，花蕾饱满，颜色黄绿，花瓣上纵沟明显，快要开花的样子方可采收，为采摘适合的花蕾，要求开花前一次收完。如果采摘过早，不仅产量低，且加工后色泽差，影响制干品的外观品质；如果采摘延迟，花蕾开放，加工成的干菜肉薄、条脆易断、色黑，营养价值低，易遭虫蛀。

二、黄花菜的采收时间

黄花菜的采收期一般在 30 d 左右，初期与后期产量较少，中期 20 d 为采收盛期。黄花菜的花蕾生长时间在 5 月下旬至 9 月份，不同类型的黄花菜开花时间不同，具体采摘时间应根据不同品种而定。采摘花蕾的时间性很强，以既丰满又未开花时的花蕾质量最好。一般在天气正常晴朗的情况下，黄花菜凌晨成熟花蕾较多，上午次之，下午较少，应及时分批采摘，分批制干，切莫将不同时间段采摘的黄花菜集中制干。

适时采摘关系着黄花菜产量和质量，一般品种在早晨和傍晚采摘最好，通常在开花前 1~2 h 采摘完，采摘过早会导致黄花菜夹生，成熟不够；采摘过晚，黄花菜容易爆蕾，营养成分会流失。采摘时用拇指和食指夹住花柄，从花蒂和茎梗连接处轻轻折断，采收的鲜黄花菜如图 6–1 所示。要做到“轻、巧、细、快”，有效防止人为碰伤花、茎、小花，采摘的最佳效果为带花蒂不带花梗，在茎梗和花蕾交接处断离。每一株黄花菜都应是自上而下、由外向里，逐一循序采收。

图 6–1 采收的鲜黄花菜

图 6–2 黄花菜采摘

三、采收方法

（一）手工采摘

黄花菜的采收以手工采摘为主，如图 6–2 所示，特别是针对尚未开放的优质花蕾。采摘时用拇指和食指轻轻捏住花蕾顶部，顺势用力向上拔起，避免损伤植株，影响后续的采收。

（二）机械辅助

近年来，一些地区开始尝试使用采收机械来辅助黄花菜的采收，但使用仍不普遍。机械辅助采收能够提高效率，降低人工成本，但可能对植株造成一定损伤。

四、采收注意事项

（一）避免损伤

采收时要注意避免损伤植株和花朵，尤其是优质未开放的花蕾。损伤的花蕾不仅影响当前的价值，还可能影响后续的开花和产量。因此，采收时要小心操作，避免过度用力或使用锐利工具。

（二）分类采收

根据黄花菜的花期和品种特性，可以进行分类采收。对于盛花期的高品质品种可以优先采收；对于处于补花期或品质稍差的花蕾，可以稍后采收。这样可以提高整体产量和质量。

五、黄花菜的分拣流程

（一）去除杂质

采收的鲜黄花菜中可能混有杂质，如树叶、草屑等，需要去除。在采收过程中，可能有些花蕾未完全开放或出现其他质量问题，需要去除这些劣质花蕾，以确保产品质量。

（二）清洗

1. 浸泡清洗

将鲜黄花菜放入清水中浸泡一段时间，然后用手轻轻搓洗，以去除表面的污垢和杂质。

2. 冲洗

在浸泡清洗后，用流动水冲洗多次，以确保鲜黄花菜表面干净，无残留物。

（三）挑选新鲜花蕾

挑选出新鲜的花蕾，确保只有完全开放、质量优良的花蕾才被用于加工。

（四）挑选优质产品

根据客户要求或产品标准，挑选出符合特定质量标准的产品，如长度、色泽、重量等。黄花菜的分拣流程如图 6–3 所示。

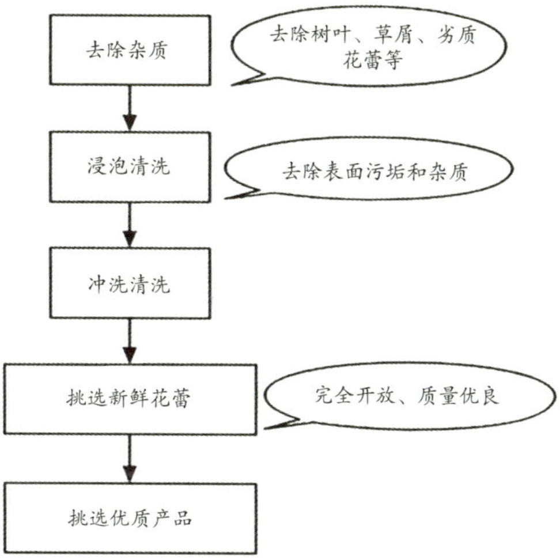

图 6–3　黄花菜的分拣流程图

【课程资源】

黄花菜的采收分拣

任务二　鲜黄花菜的加工贮藏

一、鲜黄花菜加工

随着黄花菜鲜菜市场的不断扩大，需求量不断上升，鲜黄花菜加工业蓬勃发展。鲜黄花菜花蕾在 –30~–25 ℃冷冻后，酶仍然具有活力，在 0~5 ℃和 95% 以上的相对湿度条件下可贮藏 1 周。采收回来的鲜黄花菜不及时加工将失去价值。销售鲜菜与加工干菜的花蕾要求不同，一般加工鲜菜的花蕾较小，尚未完全成熟，加工干菜的花蕾较大，形体饱满，充分成熟。

（一）鲜黄花菜加工包装

选择颜色为绿色或绿中透黄，花被部分 4.5~5 cm 的黄菜花蕾进行加工，剔除花瓣开裂及病虫危害过的花蕾，用冷藏车及时运输至冷藏库，在 0~2 ℃的条件下预冷，使花蕾活力迅速降低。等到温度趋于一致，装入包装袋内（最好抽真空），在泡沫箱内底层及前后左右各放置一层冰袋，将黄花菜包装袋放在箱内冰袋上，顶层再放置一层冰袋，迅速盖上盖，用胶带封严实，即可上市销售。保鲜期 5~7 d。

（二）鲜黄花菜真空冷冻干燥加工技术

将采摘回来的鲜黄花菜花蕾除净花梗等杂质，用冷藏车及时运输至加工车间，迅速用 2 ℃的凉水清洗 2 次，降低黄花菜温度，当中心温度降到 10 ℃时，沥干黄花菜花蕾表面水分，将黄花菜花蕾铺设在滚动带上，厚度为 5 cm，用高温蒸汽杀青 50 s，冷却，再放入 –60 ℃以下超低温真空冷冻机冷冻干燥。黄花菜中水分在升华过程中，溶于水的可溶性物质就地析出，避免了一般干燥方法因花蕾内部水分向表面迁移，把无机盐和营养物质带到表面造成营养成分损失和表面硬化的问题。冻干后的黄花菜花蕾保持了原有骨架结构、条形、色泽，整齐美观，具有理想的复水性，在热水中浸泡 2 min，即可恢复原形，且基本保存了黄花菜的有益成分，几乎除掉了鲜黄花菜中让许多人不太喜欢的浓烈的甜腻味，适口性更好。鲜菜采用避光食品包装袋充氮包装销售，存储期限可长达 1 年。

（三）鲜黄花菜速冻锁鲜加工技术

选用花蕾饱满、长度适宜、颜色为绿色或绿中透黄的黄花菜花蕾进行加工，剔除已开花及病虫危害过的花蕾，用冷藏车 3 h 内运输至冷藏库，在 –5~0 ℃的条件下预冷，使花蕾温度迅速降低至 10 ℃，短时不开裂，尽快在 90 ℃的热水中漂烫 50 s，接着用 20 ℃左右的常温水冷却，再用 –2 ℃的冰水冷却，使黄花菜表面温度降到 0 ℃左右，花蕾中心温度低于 –12 ℃。震动沥水。之后，再经速冻机特定温度下快速冷冻，使花蕾温度迅速降到 –30 ℃以下，包装后，送入 –18 ℃低温冷库储存。加工过程中不添加任何药物，食用卫生、安全。只是口感略逊色于鲜黄花菜直接加工的产品。

二、黄花菜鲜菜保鲜技术

黄花菜开花正值 6~8 月份高温季节，花通常在午夜开放，并在开花 12 h 后迅速凋谢。常温条件下鲜黄花菜耐贮性较差，用普通薄膜袋包装，第 2 天全部开花，第 4 天开始腐烂。因此，掌握黄花菜的保鲜技术对提高其经济效益具有重要意义。常见的保鲜技术有气调保藏、冷冻与冷藏、化学保鲜、物理保鲜以及热处理等。

（一）气调保藏

气调保藏是通过对保藏温度、低氧气浓度、高二氧化碳浓度，以及氮气浓度等因素的合理调控，最大限度地抑制果蔬的呼吸作用，延缓成熟过程，从而达到保鲜的目的。用气调法贮藏叶菜能有效地降低叶绿素分解，并保持其原有风味与品质。采用轻度真空包装或自发气调保鲜膜包装也具有较好的防腐保鲜作用。

（二）冷冻与冷藏

温度对黄花菜的呼吸强度、蒸腾作用的影响比较显著。冷冻与冷藏是利用低温降低冷藏品的呼吸代谢过程，减弱果蔬的生理活动和病原菌的发生率来延长果蔬的保鲜期。研究表明，黄花菜在贮藏的前 3 天呼吸强度迅速下降，随后呼吸强度始终保持在较低水平，随着贮藏温度和成熟度的提高，呼吸强度降低的幅度也随之减小。

冷冻与冷藏对黄花菜的保藏都有较好的效果。冷藏是果蔬保鲜中运用最为广泛的方法，鲜黄花菜在冷藏条件下的保鲜期为 1 个月左右，这样可在短期内满足生产与食用的需求，但不能保证周年供应。近年来速冻蔬菜发展迅速，因采用先进的速冻保藏工艺，可保持黄花菜的色泽、风味、质地和维生素 C 等营养成分，能解决周年供应的问题，且食用方便。规模化、工厂化集中加工也可采用冻干法，利用科学方法和现代设备，将黄花菜通过漂烫、速冻、脱水、真空干燥等程序进行加工，加工过程中不添加任何化学物质和食品添加剂，较好地保持了蔬菜的营养成分、色泽和口感，完全可达国际绿色食品标准，但投资较大。

（三）化学保鲜

化学保鲜是通过食品添加剂（防腐剂、杀菌剂、抗氧化剂）保鲜、抗生素保鲜、盐渍、烟熏等方法对食品进行保鲜，进而延长果蔬的货架期。长期以来，使用化学保鲜剂调控果蔬的采后保存一直被认为是快速有效的方法。但随着公众食品安全意识的增强，人们开始注意到化学防腐保鲜剂的潜在危险。不过，随着科技的发展，越来越多的天然食品保鲜剂被开发出来。6- 苄基腺嘌呤处理能提高黄花菜中的超氧化物歧化酶的活性，同时能抑制超氧自由基、丙二醛的生成，抑制过氧化物酶和过氧化氢酶活性的提高，从而延缓采后黄花菜的衰老。用食品添加剂焦亚硫酸钠加工黄花菜，只要密封完全，可保 7~8 d 不发霉。其方法操作简便、节约成本，且加工出的黄花菜黄亮耐贮存，干菜率高，但营养成分损失大，操作不当会导致二氧化硫超标。

（四）物理保鲜

物理保鲜主要是将电、磁、微波、辐射、臭氧和超高压技术等应用于食品保鲜过程来延长食品的保鲜期，具有高效安全、无污染、无残留，可以保持食品原有的色泽风味等优点。随着消费者对食品质量与安全性的要求越来越高，物理技术已被越来越多地应用于食品贮存与保鲜。

郑贤利等利用 60 Co γ 射线辐照新鲜黄花菜，结果表明，不同的包装材料、不同的包装方式、不同的贮存条件、不同的吸收剂量均影响鲜黄花菜的保鲜效果，且鲜黄花菜保鲜效果与辐照剂量有关，低剂量优于高剂量。范学钧等采用紫外线加充 O_3 紫外线加抽气减压分别处理 7~8 cm 长的新鲜黄花菜后，保鲜效果好，在低温冷藏条件下可保鲜 10 d 左右。杨大伟对薄层黄花菜先用热风干燥至其含水量为 48%，再改用微波干燥到其最终含水量为 15%，不但能明显缩短干燥时间，而且可以保证产品质量。

（五）热处理

采后热处理常用于农作物的消毒与灭虫，也包括处理花蕾和果蔬。热处理会对乙烯的产生、呼吸作用、软化、颜色变化、品味的变化有影响。热处理能抑制果蔬呼吸强度、乙烯生成及相关酶的活性，促进果蔬保持色泽和硬度，有效防止冷害、病虫害的发生。热处理能杀死或钝化引起腐烂的多数病原菌，又由于热处理的时间短，故对果蔬各种生化指标的影响不大。对黄花菜进行热处理，不仅可以降低黄花菜中酶的活性，防止酶促反应的进行，还会对黄花菜中的秋水仙碱起到很好的脱除作用。

（六）生物免蒸保鲜

生物免蒸保鲜法所采用的黄花菜脱水保鲜剂，是以 20 多种植物为原料配制的，已获国家专利。其方法是将采摘的新鲜黄花菜装入聚乙烯塑料袋或密闭容器中，每装 20 cm 厚鲜菜撒一层脱水保鲜剂（粉剂），每 100 kg 鲜菜用 100 g 保鲜剂，然后将袋口扎紧密封，48 h 以后达到杀青效果。如遇雨天密封 6~7 d，不影响制干效果。

【课程资源】

鲜黄花菜的加工技术

鲜黄花菜的保鲜技术

项目二　黄花菜的制干

【学习目标】

1. 知识目标：了解黄花菜杀青的意义和重要性；熟悉黄花菜杀青过程、摆盘流程和要求；掌握黄花菜杀青选择标准、装盘要求、杀青温度和时间要求；掌握黄花菜制干标准及黄花菜晒干、阴干和烘干技术。

2. 能力目标：能够独立完成黄花菜的杀青工作，根据不同的天气和黄花菜品种，选择合适的晒干、阴干或烘干技术，确保黄花菜的质量和口感。

3. 素养目标：通过学习黄花菜制干的预处理，认识食品安全和卫生的重要性，提高自身对食品质量的关注；理解黄花菜制干对口感和营养成分的影响，提升对传统美食文化的认识；增强对家乡特色美食的认识和喜爱，为传承和推广家乡美食贡献力量。

任务一　黄花菜的制干预处理

一、预处理技术

根据脱水前预处理技术不同，制干黄花菜可以被简单分为两种：先经杀青，然后干燥的称为原菜，一般颜色老黄；采摘后不经杀青，而是添加3%~3.5%的焦亚硫酸钠处理，然后干燥的称为药菜。由于亚硫酸盐具有抑制酶促褐变和非酶促褐变的作用，可抑制微生物的生长繁殖，故该处理所得的制干黄花菜一般呈鲜黄色，外观漂亮，具有吸引力。但加工中SO_2的残留量是人们关注的问题，若处理过程中亚硫酸盐超标，将可能会危害人体健康。2004年卫生部规定，经焦亚硫酸钠处理过的制干黄花菜中SO_2残留量不得高于200 mg/kg。

二、选料

选择饱满，花瓣上纵沟明显、结实，花蕾充分发育、尖嘴处似开非开，富有弹性的黄色新鲜黄花菜为原料。裂嘴前1~2 h采摘的花蕾产量高、质量好。剔除花苞开放、日化、衰老及病虫危害的花苞，并轻轻摘去其木质花梗。

三、杀青

黄花菜采摘后应及时进行杀青，以防开花，已开花的需除去。黄花菜杀青的作用是利用高温蒸汽的热量，迅速杀死花蕾内部生物酶的活性，防止其在加工过程中因氧化褐变引起的变色甚至腐烂，保持营养，便于干燥。

（一）蒸房建设

蒸房由一口大铁锅及锅台上建的一间小房组成。蒸房的侧面和顶棚封闭，正面开门，房内用架杆分 3~4 层，每层摆 2 个筛，在蒸房的一侧上下各插入 1 支温度计，如图 6–4 所示。

图 6–4　蒸房

（二）杀青要领

1. 装筛

先将鲜黄花菜蓬松地装在筛里，以便受热均匀，成熟度一致。每个筛中放入黄花菜 5~6 kg，一般厚 12~15 cm，中间略厚，四周稍薄，呈馒头状，中间轻扒出个凹坑，利于蒸汽上升。

2. 杀青时间

杀青前将清水倒入锅内，水量以距底蒸格 10 cm 左右为宜，把筛放入蒸房，关严门，点燃蒸汽锅炉，通过锅炉产生的蒸汽来提高蒸箱的温度。在黄花菜杀青时温度不宜过高或过低，适宜的杀青温度应该为 70 ℃，此时其营养成分相对含量最高。在晾晒时，应选择在太阳下暴晒，通过太阳的强光照射，黄花菜的营养成分有一定的提高。

（三）成熟标准

①颜色由黄绿转为淡黄绿色，花身发软，竖起花柄稍弯曲，手搓花蕾有轻微的“嗦嗦”声，里生外熟；②蒸汽往外冒；③装花高度下陷 1/3~1/2；④杀青过火会成油条状，不仅质量差、色暗，且成品率低；杀青火候不到则成“火炮筒”，干后成“泡杆”，且难晒干，应于次日选出再蒸。

四、黄花菜的腌制

（一）腌制方法

就地收购，就地腌制。将食用添加剂焦亚硫酸钠与鲜黄花菜按 3%~3.5% 的比例拌匀，装入密闭容器，放在温室或光线充足的地方腌制 24 h，捞出沥干水分，即可干燥。这种方法比传统杀青法操作简单、省工、省燃料，且制干后的黄花菜色泽金黄，没有细条或青条，商品性好，加工不受数量限制，特别是阴雨天不会造成大量花蕾霉烂。

（二）腌制的注意事项

一是腌制过程中，在 20~60 ℃范围内随温度升高，出芽率增加。

二是严格控制添加剂焦亚硫酸钠的用量，以 4% 为宜。

三是焦亚硫酸钠在腌制过程中分解出的 SO_2 对金属设备有腐蚀作用，因此在加工中不要使用金属容器及器械。

四是食用前，要将黄花菜用热水冲洗 2~3 次。

五是可采用 50 kg 鲜黄花菜 +50 kg 水 +0.25 kg 焦亚硫酸钠泡制，达到含硫不超标且又能保鲜保质的目的。

【课程资源】

黄花菜的制干预处理

任务二 黄花菜的制干技术

一、制干标准

制干是黄花菜加工最传统的方法，因为鲜黄花菜在采摘后如不脱水干燥，很容易发霉变质，制干以后，能长期保存，周年销售、食用。根据地标《干制黄花菜》（DB5206/T 162—2023）要求，成品制干黄花菜含水量不得超过 15%，总酸含量不得高于 3%，总糖含量不得低于 38%，蛋白质含量不得低于 11%。加工技术对保证黄花菜质量至关重要。制干黄花菜的加工工艺包括选料、预处理（杀青或腌制）、制干（晒干、烘干或冷冻干燥）、熏硫、回软、检验、包装等。

二、制干方式

干燥后的黄花菜用手握紧不脆，松手后又能自然散开，互相不粘连。其水分散发，品质稳定，便于贮藏远销。

将杀青后的花蕾倒在锡箔纸上，堆放半小时左右（即休汗），利用余热调整杀青成熟度和收敛花蕾表皮上的糖分，花蕾产生一系列生物化学变化，使熟度均匀、色泽美观。休汗后在清洁通风的地方摊晾一晚上，再进行干燥。常用的黄花菜脱水干燥手段有两种：晒干法和烘干法。

（一）晒干法

一般需 2~3 d，成本低，成品色泽美观、品质好。将晒床放在光线充足的地方，晒床高度一般在 30~60 cm，然后将杀青或腌制好的黄花菜均匀摊在苇席上暴晒，如图 6–5 所示，厚度为 2~3 cm，每天翻动 1~2 次。第 1 d 要用双席对翻，即用一个空席盖在晒床上夹住翻转，既快又不粘席，花蕾干后粗直不弯曲；尚未干时不能平翻，以防干后卷曲；到了晚上要注意把黄花菜收起来并用布盖在上面，防止晒干的黄花菜再次受潮。一般要晒到黄花菜捏起来紧实、松开之后又自然舒展，且花蕾之间不会粘在一起为止。

图 6–5 黄花菜的晒干

如果遇到连续阴天的情况，可以用5‰的硫黄蒸熏处理，防止黄花菜发霉腐烂。

（二）烘干法

1. 直接烘干法

每平方米的烘盘上面可以放 5 kg 左右经过处理的黄花菜。在烘干初期，黄花菜的水分还比较多，可以把烘房的温度调到 80~85 ℃，再放入黄花菜。之后可以把温度降到 60~65 ℃，烘 12~15 h 的时间，然后慢慢地再降到 50 ℃，一直等到黄花菜彻底干燥就可以停止了。为了防止烘干时黄花菜被烧焦，要及时更换烘盘，而且要定时翻动，以保证烘干的黄花菜干燥程度是一样的。

2. 间接烘干法

在烘房中进行，即将蒸熟的花蕾均匀地摊在烘帘上，待烘具烘热后将烘帘送入烘房。烘房温度保持在 50~70 ℃，烘至半干后拿出摊晾，第 2 天再烘，因为一次烘干会造成青色僵硬条，影响质量。通常烘至七八成干时即可，选择晴天再晒干。干燥期间一般进行 2~3 次倒盘，时间不超过 10 h。

三、包装与产品贮存

包装材料应干燥、清洁、无异味、无毒无害，且应符合食品包装材料卫生标准要求。用双线麻袋、塑料食品袋或一定规格的复合塑料袋真空密封包装。贮存时与墙面、地面保持一定的距离，离墙距离 20 cm 以上、离地距离 10 cm 以上。不得与有毒、有害、有异味及易污染的物品共同存放。仓库要清洁、通风、干燥无异味，保持室温 15~25 ℃，相对湿度 70% 左右。特别注意夏秋季节要调节温湿度，隔绝高温高湿，确保不霉变、不生虫。冷库贮藏温度 2~3 ℃，相对湿度 70% 左右，以冻死蛀虫和霉菌。可贮藏 2 年以上，其色泽、香味不变。

四、产品运输

（一）运输要求

运输时应防雨、防潮，严禁与有毒、有害、有异味、易污染的物品混装运输。

一是快速。黄花菜需要快速运输，保持其新鲜度和品质。

二是防潮。在运输过程中，需要采取措施防止黄花菜受潮，如使用干燥的包装材料、避免雨淋等。

三是防晒。黄花菜受阳光照射后容易变色，因此在运输过程中需要采取措施防晒，如使用遮阳布、用纸箱包装等。

（二）注意事项

一是注意防虫。黄花菜容易受到虫害的侵袭，因此在储存和运输过程中需要注意防虫，如使用防虫剂和干燥剂等。

二是定期检查。在储存和运输过程中，需要定期检查黄花菜的品质和状态，如发现异常情况，需要及时处理。

【课程资源】

黄花菜的制干技术

任务三 黄花菜新产品的加工

一、即食黄花菜

以脱水黄花菜为原料，经过原料挑选、清洗、复水、预煮、离心脱水后，加入各种调味物质，拌匀、装袋、真空密封、杀菌（90 ℃，5 min）和冷却后，得到开袋即食的黄花菜产品。产品采用玻璃瓶、复合铝箔或聚丙烯复合蒸煮袋包装，均可保存 9 个月以上。国内相关发明专利有“一种补血腌制黄花菜”“一种酱黄花菜”“一种黄花菜咸菜”等。

二、速冻黄花菜

张欣等报道了黄花菜速冻工艺的研究结果，主要流程是原料挑选、清理、清洗、烫漂（96~100 ℃沸水，1 min）、冷却（$<$ 10 ℃）、沥水和速冻，冷风温度一般为 −35~−40 ℃，冻品间的空气流速为 1.5~5.0 m/s，经 5 min 后黄花菜花蕾的中心温度达到 −18 ℃以下，立即包装后冷藏贮存。龚吉军在黄花菜速冻保藏工艺中，用 0.2% $NaHCO_3$ 作护色液保绿，在（95 ± 1）℃下热烫 50 s 的保绿效果最好，既可保证在解冻后使褐头率尽可能低，又能充分减少热烫中黄花菜的营养物质损失。该类产品加工成本比较高，主要根据市场的需求，远销日本与韩国等地。余铭等的发明专利“一种速冻黄花菜的制作方法”，首次将液浸式速冻技术运用到了黄花菜的保鲜中。

三、黄花菜饮料

黄花菜含有丰富的维生素 C、钙、铁、磷等微量元素，同时它所含有的类胡萝卜素与多酚类物质又是天然色素，具备重要的保健功能，如能开发为饮料，其市场价值不可估量。目前由于加工技术的制约，类胡萝卜素与多酚类物质在黄花菜制干过程中会被部分分解或挥发，营养成分损失很多。余光俊研究了黄花菜饮料的加工技术，主要方法是原料挑选、漂洗、除杂、热烫（80 ℃，10 min），打浆机和胶体磨打浆（黄花菜与 50 ℃矿泉水的质量比为 1 ∶ 1），过滤，然后根据不同情况添加黄花菜汁、白砂糖、柠檬酸、蜂蜜等配料，最后经脱气、均质、杀菌、灌装和封口，即为成品。

目前市场上相关产品还比较少，国内发明专利多集中在以黄花菜为配料之一的功能饮料上，如“酸枣仁黄花茶汤的制作方法”“一种益智补脑的食品养生饮料及其制备方法”“一种防治神经衰弱的奶茶的制作方法”等。李安平等对黄花菜复合饮料加工工艺进行了研究，得到最佳配方：黄花菜汁35%，橙汁5%，柠檬酸0.12%，白砂糖8%，其成品甘甜清爽，具有黄花菜独有的风味；张先淑等则是以黄花菜和金银花为加工对象，制作了黄花菜金银花复合饮料。梁彦在鲜牛奶中添加蜂蜜及黄花菜汁，接种保加利亚乳杆菌和嗜热链球菌，发酵后得到口感细腻、营养丰富的酸奶。

四、黄花菜餐饮食品

（一）黄花菜泡菜

用黄花菜加工的泡菜酸爽可口，可通过进一步研究，完善生产技术后加以推广，既可开发成休闲食品，又可开发成预制汤菜食品，还可制成方便面调料等产品。将黄花菜加工成小袋包装的休闲食品，味美可口，可作为休闲食品中花类食品的代表品种。

（二）黄花菜汤菜

将黄花菜与猪肉、牛肉、鸡肉等一起，加工成预制汤菜食品，方便食用，节省烹饪时间，丰富产品类型。

（三）膳食纤维食品

黄花菜中含有丰富的钙和纤维素，远高于香菇、木耳和冬笋3种蔬菜珍品。可以将黄花菜采用超微粉碎技术和重组技术，研制出现代膳食纤维食品。该产品可进一步开发成保健食品，以满足市场需要。曾维丽等通过在植物油中加入香辛料，烹出香味后，加入禽肉丁，炒熟后加入黄花菜和其他配料，翻炒均匀，加入红茶汤汁液，小火焖炖后制得黄花菜红茶罐头，产品香味宜人、香辣可口，同时具备黄花菜和红茶的保健功能。

五、药膳食品

将黄花菜开发成催乳食品、改善睡眠质量食品、健脑食品、通便食品、去痛风食品等各类药膳食品，以满足各类人群的需要。日本有报道称黄花菜为“健脑菜”，具有补脑益智和提高记忆力的作用。研究表明，黄花菜能显著降低动物血清胆固醇，而胆固醇的增高是导致中老年疾病和机体衰退的重要原因之一。专家指出，能够抗衰老且味道鲜美、营养丰富的蔬菜并不多，而黄花菜算一种。

孙中山先生对中医学和饮食营养有很深的研究，他根据自己的实践经验，用素食中的黄花菜、木耳、豆腐和黄豆芽煮汤，作为中老年补气养血及抗衰老的良方，被后人誉为“中山四物汤”。后来，周比玥用杏仁粉、花生碎、黄花菜、刺五加等物，制备了一种杏仁理肺润肺饼干。该饼干香味适中，营养丰富且口感好，药膳成分具有祛风湿、强筋骨、补气血的作用。

六、花粉食品

黄花菜中含有一定量的花粉，可将已经开花的黄花菜花粉利用起来，开发花粉食品。科学家从花粉中发现了 13 大类近 300 种营养物质，这些营养物质都具有各种不同的营养保健作用。花粉的开发利用也已在食品、营养保健品和药品等领域取得了一定发展。

【课程资源】

黄花菜新产品的加工

项目三　实训

【学习目标】

1. 知识目标：熟悉黄花菜制干品有效成分含量检测方法，掌握黄花菜制干品的检测技术、分级标准，正确判断黄花菜制干品质量。

2. 能力目标：能够对黄花菜进行分级，具备判断黄花菜制干品质量的能力；具备检测黄花菜制干品有效成分含量的能力，能够独立完成黄花菜水分、总酸、铅、二氧化硫、农药残留的检测。

3. 素养目标：通过对新产品加工方式的学习，引导学生提升创新创业意识，增强创造力和创新力，提升创新信心。

实训一　黄花菜的检测分级

一、检验

黄花菜的外观要求：色泽金黄无油渍状，气味芬芳，干燥清爽，挺直不结块，根条长短均匀，无青条、油条、开花菜，肉质肥厚，无虫蛀。

肉质要求：含水量低于 15%，总酸量小于 3%，总糖量大于 37.5%，蛋白质含量大于 11%，并经检验符合安全卫生指标。

黄花菜的初步检测：一是手感柔软有弹性，手捏可成团，放开后很快松散，表示干燥度适宜，迟迟不散开的，表示水量过多；二是鼻嗅其味，馥郁清香者为佳，味平淡者品质稍差；三是有杂质应及时剔除。

二、黄花菜的感官分级

一级：色泽淡黄或金黄，条色均匀，有光泽，无青条菜；具有黄花菜特有的香味，无霉味和其他异味；干蕾条形均匀，开花菜和油条菜的根数分别不超过 1%；无虫蛀、霉变、杂质；肉质肥厚。

二级：色泽金黄或棕黄，条色均匀，有光泽，青条菜根数不超过 2%；具有黄花菜特有的香味，无霉味和其他异味；干蕾条形均匀，开花菜和油条菜的根数分别不超过 2% 和 4%；无虫蛀、霉变、杂质；肉质厚。

三级：色泽黄棕，青条菜根数不超过 4%，无霉味和其他异味，开花菜和油条菜的根数分别不超过 4% 和 7%；无虫蛀、霉变、杂质；肉质较厚。

三、检测指标

食品添加剂的品种和使用量应符合《食品安全国家标准 食品添加剂使用标准》（GB 2760—2024）的规定，其他理化卫生指标应当符合表 6-2 要求。

表 6-2 理化卫生指标

项目	单位	要求
水分	%	≤ 15.0
总酸（以柠檬酸计）	%	≤ 3.0
铅（以 Pb 计）	mg/kg	≤ 1.0
镉（以 Cd 计）	mg/kg	≤ 0.2
二氧化硫（以 SO_2 计）	g/kg	≤ 0.2
甲胺磷	mg/kg	≤ 0.05
敌敌畏	mg/kg	≤ 0.2
杀螟硫磷	mg/kg	≤ 0.5
氯菊酯	mg/kg	≤ 1.0
六六六	mg/kg	≤ 0.05

四、检测方法

（1）水分按《食品安全国家标准 食品中水分的测定》（GB 5009.3—2016）规定方法检验。

（2）总酸按《食品中总酸的测定》（GB/T 12456—2021）规定方法检验。

（3）铅按《食品安全国家标准 食品中铅的测定》（GB 5009.12—2023）规定方法检验。

（4）镉按《食品安全国家标准 食品中镉的测定》（GB 5009.15—2023）规定方法检验。

（5）二氧化硫按《食品安全国家标准 食品中二氧化硫的测定》（GB 5009.34—2022）规定方法检验。

（6）甲胺磷、敌敌畏、杀螟硫磷、氯菊酯、六六六按《食品安全国家标准 食品中农药最大残留限量》（GB 2763—2021）规定方法检验。

【课程资源】

黄花菜的检测分级

实训二　水分检测

一、原理

利用食品中水分的物理性质，在 101.3 kPa（一个标准大气压），温度 101~105 ℃下采用挥发方法测定样品中干燥减失的重量，包括吸湿水、部分结晶水和该条件下能挥发的物质，再通过干燥前后的称量数值计算出水分的含量。

二、仪器和设备

（1）扁形铝制或玻璃制称量瓶。

（2）电热恒温干燥箱。

（3）干燥器：内附有效干燥剂。

（4）天平：感量为 0.1 mg。

三、分析步骤

步骤 1：取洁净铝制或玻璃制的扁形称量瓶，置于 101~105 ℃干燥箱中，瓶盖斜支于瓶边，加热 1 h，取出盖好，置干燥器内冷却 0.5 h，称量，并重复以上操作至前后两次质量差不超过 2 mg 时，即为称量瓶恒重。

步骤 2：将混合均匀的试样迅速磨细至颗粒小于 2 mm，不易研磨的样品应尽可能切碎，称取 2~10 g 试样（精确至 0.1 mg），放入此称量瓶中，试样厚度不超过 5 mm；如为疏松试样，厚度不超过 10 mm；加盖，精密称量后，置于 101~105 ℃干燥箱中，瓶盖斜支于瓶边，干燥 2~4 h 后，盖好取出，放入干燥器内冷却 0.5 h 后称量。

步骤 3：再放入 101~105 ℃干燥箱中干燥 1 h，取出，放入干燥器内冷却 0.5 h 后再称量。重复以上操作至前后两次质量差不超过 2 mg 时，即为恒重。

注：两次恒重值在最后计算中，取质量较小的一次称量值。

四、分析结果的表述

试样中的水分含量，按式（1）进行计算：

$$X=\frac{m_1-m_2}{m_1-m_3}\times 100 \qquad (1)$$

式中：X——试样中水分的含量，单位为“g/100 g”；

m_1——称量瓶和试样的质量，单位为“g”；

m_2——称量瓶和试样干燥后的质量，单位为“g”；

m_3——称量瓶的质量，单位为“g”；

100——单位换算系数。

水分含量 >1 g/100 g 时，计算结果保留 3 位有效数字；水分含量 <1 g/100 g 时，计算结果保留 2 位有效数字。

实训三　总酸的测定

一、原理

根据酸碱中和原理，用碱液滴定试液中的酸，以酚酞为指示剂确定滴定终点。按碱液的消耗量计算黄花菜中的总酸含量。

二、试剂

除非另有说明，本方法所用试剂均为分析纯，水用《分析实验室用水规格和试验方法》（GB/T 6682—2008）规定的二级水。

（一）试剂

（1）95% 乙醇（C_2H_5OH）。

（2）酚酞（$C_{20}H_{14}O_4$）。

（3）氢氧化钠（NaOH）。

（二）试剂配制

（1）无二氧化碳的水：将水煮沸 15 min，以逐出二氧化碳，冷却，密闭。

（2）酚酞指示液（10 g/L）：称取 1g 酚酞，溶于 95% 乙醇稀释至 100 mL。

（3）氢氧化钠标准滴定溶液（0.1 mol/L）：吸取 2.6 mL 澄清的氢氧化钠饱和溶液，加适量新煮沸后的冷水至 1 000 mL，摇匀，或购买经国家认证并授予标准物质证书的标准滴定溶液。

（4）氢氧化钠标准滴定溶液（0.01 mol/L）：用移液管吸取 100 mL 0.1 mol/L 氢氧化钠标准滴定溶液至容量瓶，用水稀释到 1 000 mL，现用现配，必要时重新标定。

（5）氢氧化钠标准滴定溶液（0.05 mol/L）：用移液管吸取 50 mL 0.l mol/L 氢氧化钠标准滴定溶液至容量瓶，用水稀释到 100 mL，现用现配，必要时重新标定。

三、仪器和设备

（1）分析天平：感量 0.01 g 和 0.1 mg。

（2）碱式滴定管：容量 10 mL，最小刻度 0.05 mL。

（3）碱式滴定管：容量 25 mL，最小刻度 0.1 mL。

（4）水浴锅。

（5）锥形瓶：100 mL、150 mL、250 mL。

（6）移液管：25 mL、50 mL、100 mL。

（7）均质器。

（8）超声波发生器。

（9）研钵。

（10）组织捣碎机。

四、分析步骤

步骤 1：试样的制备。

试样常温密封保存。取有代表性的样品至少 200 g（精确到 0.01 g），置于研钵或组织捣碎机中，加入与样品等量的无二氧化碳水，用研钵研碎或用组织捣碎机捣碎，混匀成浆状后置于密闭玻璃容器内。

步骤 2：待测溶液的制备。

称取 25 g（精确至 0.01 g）试样，置于 150 mL 带有冷凝管的锥形瓶中，加入约 50 mL 80 ℃无二氧化碳的水，混合均匀，置于沸水浴中煮沸 30 min（摇动 2~3 次，使试样中的有机酸全部溶解于溶液中），取出，冷却至室温，用无二氧化碳的水定容至 250 mL，用快速滤纸过滤，收集滤液，用于测定。

步骤 3：分析。

根据试样总酸的可能含量，使用移液管吸取 25 mL、50 mL 或者 100 mL 试液，置于 250 mL 锥形瓶中，加入 2~4 滴（10 g/L）酚酞指示液，用 0.1 mol/L 氢氧化钠标准滴定溶液，滴定至微红色且 30 s 不褪色。记录消耗 0.1 mol/L 氢氧化钠标准滴定液的体积数值。

按上述的操作，用同体积无二氧化碳的水代替试液做空白试验，记录消耗氢氧化钠标准滴定溶液的体积数值。

步骤 4：结果计算。

总酸的含量按式（2）计算。

$$X=\frac{c\times(V_1-V_2)\times k\times F}{m}\times 1000 \qquad (2)$$

式中：X——试样中总酸的含量，单位为“g/kg”或“g/L”；

c——氢氧化钠标准滴定溶液的浓度，单位为“mol/L”；

V_1——滴定试液时消耗氢氧化钠标准滴定溶液的体积，单位为“mL”；

V_2——空白试验时消耗氢氧化钠标准滴定溶液的体积，单位为“mL”；

k——酸的换算系数：苹果酸 0.067，乙酸 0.060，酒石酸 0.075，柠檬酸 0.064，柠檬酸（含一分子结晶水）0.070，乳酸 0.090，盐酸 0.036，硫酸 0.049，磷酸 0.049；

F——试液的稀释倍数；

m——试样的质量，单位为“g”，或吸取试样的体积，单位为“mL”；

1000——换算系数。

计算结果以重复性条件下获得的 2 次独立测定结果的算术平均值表示，结果保留到小数点后 2 位。

精密度：在重复性条件下获得的 2 次独立测定结果的绝对差值不得超过算术平均值的 10%。

实训四　二氧化硫含量的测定

一、原理

采用充氮蒸馏法处理试样，试样酸化后在加热条件下亚硫酸盐等系列物质释放二氧化硫，用过氧化氢溶液吸收蒸馏物，二氧化硫溶于吸收液被氧化生成硫酸，采用氢氧化钠标准溶液滴定，根据氢氧化钠标准溶液消耗量计算试样中二氧化硫的含量。

二、试剂

除非另有说明，本方法所用试剂均为分析纯，水用《分析实验室用水规格和试验方法》（GB/T 6682—2008）规定的三级水。

（一）试剂

（1）过氧化氢（H_2O_2）：30%。

（2）无水乙醇（C_2H_5OH）。

（3）氢氧化钠（NaOH）。

（4）甲基红（$C_{15}H_{15}N_3O_2$）。

（5）盐酸（HCl）：ρ_{20}=1.19 g/mL。

（6）氮气：纯度＞99.9%。

（二）试剂配制

（1）过氧化氢溶液（3%）：量取质量分数为30%的过氧化氢100 mL，加水稀释至1 000 mL。用时现配。

（2）盐酸溶液（6 mol/L）：量取盐酸（ρ_{20}=1.19 g/mL）50 mL，缓缓倾入50 mL水中，边加边搅拌。

（3）甲基红乙醇溶液指示剂（2.5 g/L）：称取甲基红指示剂0.25 g，溶于100 mL无水乙醇中。

（三）标准溶液配制

（1）氢氧化钠标准溶液（0.1 mol/L）：吸取2.6 mL澄清的氢氧化钠饱和溶液，加适量新煮沸后的冷水至1 000 mL，摇匀，或购买经国家认证并授予标准物质证书的标准滴定溶液。

（2）氢氧化钠标准溶液（0.01 mol/L）：吸取氢氧化钠标准溶液（0.1 ml/L）10 mL于100 mL容量瓶中，加无二氧化碳的水稀释至刻度。

三、仪器和设备

（1）玻璃充氮蒸馏器：500 mL 或 1 000 mL，另配电热套、氮气源及气体流量计，或等效的蒸馏设备。

（2）电子天平：感量为 0.01 g。

（3）10 mL 半微量滴定管和 25 mL 滴定管。

（4）粉碎机。

（5）组织捣碎机。

四、分析步骤

（1）试样前处理。取黄花菜制干品试样，采样量应大于 600 g，采用捣碎机等合适的粉碎手段进行粉碎，充分混合均匀，贮存于洁净盛样袋内，密封并标识，供检测用。

（2）试样测定。

步骤 1：取试样 20~100 g（精确至 0.01 g，取样量可视含量高低而定），将称量好的试样置于图 6-6 中圆底烧瓶 A 中，加水 200~500 mL。

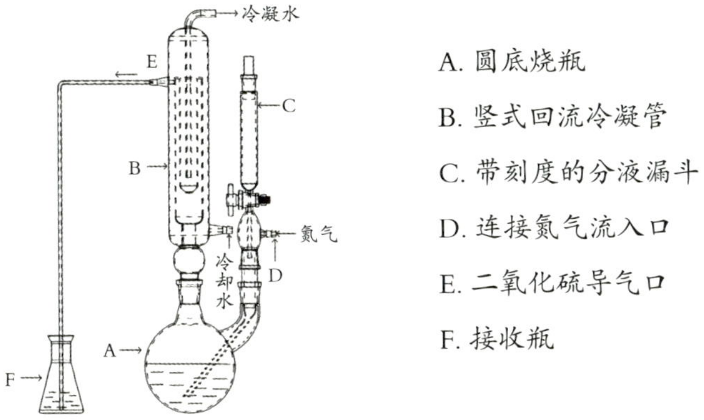

图 6-6 酸碱滴定法蒸馏仪器装置

步骤 2：安装好装置后，打开回流冷凝管开关给水（冷凝水温度 <15 ℃），将冷凝管的上端连接 E 口处的玻璃导管置于 100 mL 锥形接收瓶底部。

步骤 3：锥形接收瓶内加入 3% 过氧化氢溶液 50 mL 作为吸收液（玻璃导管的末端应在吸收液液面以下）。

步骤 4：在吸收液中加入 3 滴 2.5 g/L 甲基红乙醇溶液指示剂，并用氢氧化钠标准溶液（0.01 mol/L）滴定至黄色，即终点（如果超过终点，则应舍弃该吸收液）。

步骤 5：开通氮气，调节气体流量计至 1~2 L/min；打开分液漏斗 C 的活塞，使

6 mol/L 盐酸溶液 10 mL 快速流入蒸馏瓶，立刻加热烧瓶内的溶液至沸腾，并保持微沸 1.5 h，停止加热。

步骤 6：将吸收液放冷后摇匀，用氢氧化钠标准溶液（0.01 mol/L）滴定至黄色且 20 s 不褪色，并同时进行空白试验。

（3）分析结果。

试样中二氧化硫的含量按式（5）计算：

$$X=\frac{(V-V_0)\times c\times 0.032\times 1000\times 1000}{m} \qquad (3)$$

式中：

X——试样中二氧化硫含量（以 SO_2 计），单位为“mg/kg”或“mg/L”；

V——试样溶液消耗氢氧化钠标准溶液的体积，单位为“mL”；

V_0——空白溶液消耗氢氧化钠标准溶液的体积，单位为“mL”；

c——氢氧化钠滴定液的摩尔浓度，单位为“mol/L”；

0.032——1 mL 氢氧化钠标准溶液（1 mol/L）相当的二氧化硫的质量（g），单位为“g/mmol”；

m——试样的质量或体积，单位为“g”或“mL”。

计算结果保留 3 位有效数字。

精密度：在重复性条件下获得的两次独立测定结果的绝对差值不得超过算术平均值的 10%。

检出限与定量限：当用 0.01 mol/L 氢氧化钠滴定液时，称样量为 35 g 时，检出限为 1 mg/kg，定量限为 10 mg/kg。

实训五　黄花菜的农药残留检测

一、原理

（一）酶抑制率法

在一定条件下，有机磷和氨基甲酸酯类农药对胆碱酯酶正常功能有抑制作用，其抑制率与农药的浓度呈正相关。正常情况下，酶催化神经传导代谢产物（乙酰胆碱）水解，其水解产物与显色剂反应，产生黄色物质，在 412 nm 处测定吸光度随时间的变化值，计算出抑制率，通过抑制率可以判断出样品中是否有高剂量的有机磷或氨基甲酸酯类农药的存在。

（二）分光光度法

不同的物质由于其分子结构不同，对不同波长光的吸收能力也不同，因此具有其特有的吸收光谱。即使是相同的物质由于其含量不同，对光的吸收程度也不同。标准曲线法就是利用这一特性来测定物质含量。先配制一系列浓度由小到大的标准溶液，分别测定出它们的 *A* 值，以 *A* 值为横坐标，浓度为纵坐标，作标准曲线。在测定待测溶液时，操作条件应与制作标准曲线时相同，以待测液的 A 值从标准曲线上查出该样品的相应浓度。

二、试剂

（一）试剂

（1）底物。

（2）酶试剂。

（3）显色剂。

（4）缓冲剂。

注：农药残留检测仪只可使用厂家配套试剂，对于其他渠道购买的试剂，导致检测结果异常的，不做任何保证。

（二）试剂配制

（1）缓冲溶液：取 1 包缓冲剂，倒入 500 mL 纯净水中摇匀溶解制成磷酸盐缓冲液，常温保存。

（2）显色剂：取 1 瓶显色剂加入 10 mL 缓冲溶液摇匀溶解，使用时取 100 uL，0~5 ℃冷藏保存。

（3）底物：取 1 瓶底物加入 10 mL 蒸馏水摇匀溶解，使用时取 100 uL，0~5 ℃冷藏保存。

（4）酶试剂：取 1 瓶酶粉加入 10 mL 缓冲溶液摇匀溶解，使用时取 100 uL，0~5 ℃冷藏保存。

三、仪器和设备

（1）农药残留检测仪，如图 6–7 所示。

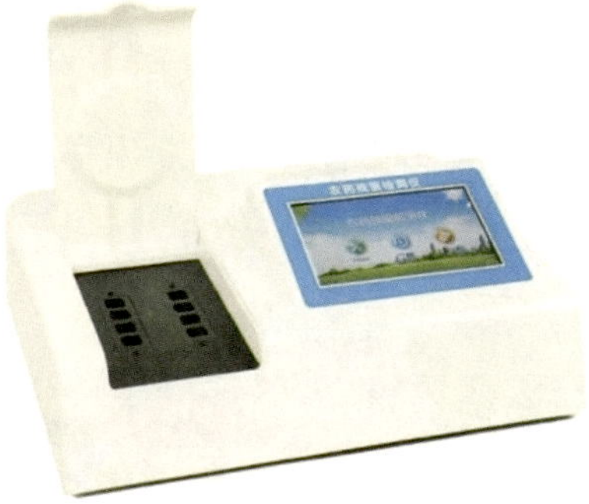

图 6–7　农药残留检测仪

（2）10 mL 量筒。

（3）500 mL 容量瓶。

四、分析步骤

（1）仪器准备。将农药残留检测仪开机，自检预热，确保仪器可以正常使用。

（2）试样检测。

步骤 1：取粉碎后黄花菜样品 2 g，加入 10 mL 缓冲剂，振荡（摇动）1~2 min，静置 2 min。

步骤 2：提取上清液 2.5 mL，分别加入酶试剂 100 uL，显色剂 100 uL，混匀，静置 10 min。

步骤 3：加入底物 100 uL，摇匀并立即倒入检测仪比色皿中。

步骤 4：立即将样品溶液比色皿放入相应通道，点击【样品名称】按键，点击检测，注意检测时间和对照溶液保持一致。

步骤 5：点击反应时间，设置对应的样品反应时间。

步骤 6：进度条完成后，显示检测结果。如需打印，点击【打印】按钮，点击打印后，数据自动保存。

练习思考题

一、选择题

1. 黄花菜的采收期一般在（　）左右，初期与后期产量较少，中期（　）为采收盛期。

A.30 d；20 d　　B.45 d；25 d　　C.30 d；15 d　　D.20 d；10 d

2. 对黄花菜进行（　），不仅可以降低黄花菜中的酶活性，防止酶促反应的进行，还会对黄花菜中的秋水仙碱起到了很好的脱除作用。

A. 物理保鲜　　B. 化学保鲜　　C. 气调保藏　　D. 热处理

3.2004 年卫生部规定，经焦亚硫酸钠处理过的制干黄花菜中 SO_2 残留量不得高于（　）。

A.100 mg/kg　　B.150 mg/kg　　C.200 mg/kg　　D.250 mg/kg

4. 鲜黄花菜加工包装，需要用冷藏车及时运输至冷藏库，在（　）的条件下预冷，使花蕾活力迅速降低，等到温度趋于一致，装入包装袋内。

A.–2~0 ℃　　B.0~2 ℃　　C.2~4 ℃　　D.4~6 ℃

5.（　）是通过对保藏温度、低氧气浓度、高二氧化碳浓度，甚至氮气浓度等因素的合理调控，最大限度地抑制果蔬的呼吸作用，延缓成熟过程，从而达到保鲜的目的。

A. 气调保藏　　B. 物理保鲜　　C. 化学保鲜　　D. 冷冻与冷藏

二、填空

1. 采收黄花菜时，对于盛花期的高品质品种可以______；对于处于补花期或品质稍差的花蕾，可以_______。

2. 采摘过早会导致黄花菜_________，成熟不够；采摘过晚，黄花菜容易_________，营养成分会丧失。

3. 每一株黄花菜都应是________、_________，逐一循序采收。

4. 黄花菜中水分在升华过程中，溶于水的可溶性物质就地析出，避免了一般干燥方法因花蕾内部水分向表面迁移，把无机盐和营养物质带到表面造成_________和_________的问题。

5. 黄花菜采摘后应及时进行__________，以防开花，已开花的需除去。

三、判断题

1. 损伤的花蕾不仅影响当前的价值，还可能影响后续的开花和产量。（　）

2. 鲜菜采用避光食品包装袋充氮包装销售，存储期限可长达 1 年。（　）

3. 干蕾条形均匀，无青条菜，开花菜和油条菜的根数分别不超过 1% 的黄花菜为二级。（　）

4. 机械辅助采收能够提高效率，降低人工成本，对植株没有伤害。（　）

5. 销售鲜菜与加工干菜的花蕾要求不同，一般加工鲜菜的花蕾较大，加工干菜的花蕾较小。（　）

四、思考题

1. 简述成熟的黄花菜特点。

2. 黄花菜采收的注意事项有哪些？

3. 简述黄花菜的初步检测方法。

练习思考题参考答案

模块一　参考答案

一、选择题

1.C　2.B　3.D　4.C　5.C

二、填空题

1. 早熟　中熟　晚熟

2. 抽薹现蕾期　开花期　冬苗生长期

3. 春苗

4. 生殖生长锥形成期　花被原基形成期　雄蕊原基和雌蕊原基形成期

5. 春苗　冬苗

三、判断题

1. ×　2. √　3. √　4. ×　5. ×

四、思考题

1.（1）红寺堡区土壤呈中性或微碱性，质地沙壤，结构疏松，通透性好；冬季寒冷漫长，春暖迟、夏热短、秋凉早，日照充足，光能丰富，昼夜温差大，有效积温高，对黄花菜生长有利。（2）降水少，蒸发快，对黄花菜自然晾晒有利。（3）工业企业少，空气洁净。农业用水主要来源于自然降水、黄河引水和地下浅层水开采。大部分地区为一年一熟制耕作模式，化肥、农药、地膜用量相对较少，具备发展黄花菜绿色产品的基本条件。

2. 黄花菜的根系分为肉质根和纤细根两类。肉质根的主要功能是吸收、贮藏、运输养分和水分。纤细根分为须根和毛根两种。须根的主要功能是促进根系向土层推进，延长和扩大根系分布范围，沟通运输渠道，在幼嫩时也有吸收作用。毛根具有吸收水肥功能。

模块二　参考答案

一、选择题

1.C　2.D　3.A　4.B　5.C

二、填空题

1. 半腐熟　腐熟　过劲

2. 20°

3. 铧式犁　旋耕机　联合整地机　保护性耕作机械

4. 施足冬肥　早施春苗肥　重施薹肥　补施壮蕾肥

5. 秋季　透气性

三、判断题

1. √　2. √　3. ×　4. ×　5. √

四、思考题

1. 地形地势平坦，海拔 1 500 m 以下的山坡或平原地，坡度在 20° 以下的山地或丘陵地，都可种黄花菜。

2. 整地的主要作用是改善幼苗生长所需的立地条件。许多环境恶劣的地区，常伴随着水土流失、土地沙漠化等较为严重的生态现象，对农作物的生产种植、人们的生活环境造成了不好的影响，而通过对土地环境的改善，有效缓解该地区的土地流失。另外，整地可以显著改善幼苗的生长环境，去除杂草，提高幼苗成活率。

3. 土壤消毒能有效杀灭土壤中的病原菌、病毒、杂草种子等，减少病虫害的发生，降低农业生产风险，提高农作物产量。

模块三　参考答案

一、选择题

1.D　2.B　3.D　4.C　5.A

二、填空题

1. 苗期　薹期　蕾期

2. 长

3. 有性繁殖　无性繁殖

4. 组织培养

5. 保护性杀菌剂　治疗性杀菌剂　铲除性杀菌剂

三、判断题

1. √　2. ×　3. ×　4. √　5. √

四、思考题

1. 选择遗传性状稳定、农艺性状明显、经济指标良好，独具地方特色，适合本地区栽植的品种；具有优质、高产、早熟、肉质厚、抗病虫、抗旱等较强的品种，如猛子花、荆州花等。黄花菜的采收期长，适当安排早熟与晚熟品种，做到早、中、晚熟品种的合理搭配。

2. 切片繁殖育苗的优点是育苗成活率高，可达到 90% 以上；生长快，当年秋季切片的，上冻前即可出圃移栽；繁殖系数高，且成本低。

3. 芽块繁殖育苗以早秋，即白露至秋分间效果最好，此时日均温 14~20 ℃，土壤水分充足，有利于生根萌芽，封冻前可形成有一定抗性的苗体，次年发苗早，生长健壮。剪取芽块时，每个芽块上除尽量多带肉质根外，必须具有茎节，这样栽植后茎节上的隐芽可以萌发，不带芽的肉质根不会发芽。隐芽萌发需要良好的通气条件，且根状茎切成小块后，含营养较少，芽出土较难。因此，切块育苗时覆土要浅。育苗密度以 90 万株 /hm^2 为宜，这样既有利于提高单位面积的出苗数，又能提高原种的利用率。密度过大，种苗间竞争养分，相互遮光严重，苗多弱小，还会有相当一部分枯死。

模块四　参考答案

一、选择题

1.C　2.B　3.B　4.D　5.A　6.D　7.C　8.C

二、填空题

1. 单行丛植　宽窄行丛植

2. 浅栽不露苗根　深栽不埋苗头

3. 休眠半休眠

4. 间隔移植扩栽

5. 浅

6. 地表排水　地下排水

7. 滴灌技术

8. 一次浅，二次深，三次四次不伤根

三、判断题

1. ×　2. √　3. √　4. √　5. ×　6. √　7. √　8. ×

四、思考题

1. 单行丛植与宽窄行丛植种苗用量与每穴栽植法相同。每穴栽 2~4 株成一丛，栽植时穴内可采取单、双片对栽或等边三角形和正方形顶点单片栽植法，穴内株距 10~15 cm。单行丛植行距 60~80 cm，丛穴距 30~40 cm，每亩栽 1 600~2 000 丛穴，需种苗 3 200~8 000 株。宽窄行丛植宽行 100~160 cm，窄行 60~80 cm，穴距 30~50 cm，每亩栽 1 200~2 000 丛。

2. 选地：选择质地疏松，土壤团粒结构好、pH 适宜的地块种植。整地：地块选好后深翻整地，翻耕深度 25 cm 左右，要求达到土壤松软。施基肥：结合整地施基肥。栽植地施基肥应符合《肥料合理使用准则通则》（NY/T 496—2002）的规定，一般亩施腐熟的优质农家肥 4 000 kg+ 磷酸二铵 20 kg+ 硫酸锌 5 kg 作基肥。种苗采集：黄花菜种苗采取分株繁殖的方法进行繁殖，从多年生长的老黄花菜地刨出 1/3 的老根，去掉主根、烂根，留下支根，确保每根有 1 个单芽。

3. 滴灌优点：滴灌能够精确控制灌溉水量，显著提高水资源的利用率；滴灌系统可以自动控制灌溉时间、水量等参数，降低了劳动强度，提高了生产效率；滴灌可以将肥料和水分精确输送到植物根部，提高肥料的利用率，减少肥料浪费。滴灌缺点：滴灌系统容易受到水质、管道等因素的影响，导致喷头堵塞，影响灌溉效果；投资较高，滴灌系统的建设成本和维护成本相对较高，可能给农民带来一定的经济压力。

4. 一方面，田间排水效率低，过量降雨或灌溉导致的涝害会使得作物根系受到涝害胁迫，抑制作物生长，导致作物减产，造成经济损失；另一方面，在地下水水质矿化度较高或土壤含盐量较大的干旱地区，若缺乏有效的排水措施而无法对土壤中过度累积的水分进行排疏，则高蒸发量会进一步加剧土壤盐渍化程度，使土壤返盐问题难以控制，最终将导致土壤质量下降，甚至农田退化。

5. 合理追肥能够充分挖掘出黄花菜的增产潜力，促使种植人员实现黄花菜高产、高质的目标，创造更高经济效益。使用追肥能够调整和矫正黄花菜体内的微量元素，当黄花菜缺少微量元素时，就会出现农作物元素缺乏症，不仅影响黄花菜的种植质量，还降低了黄花菜的产量，使种植者承受巨大的经济损失。

模块五　参考答案

一、选择题

1.D　2.C　3.B　4.B　5.D

二、填空题

1. 碱

2. 阻断了水分　养分的运输通道

3. 红蜘蛛

4. 枯萎病

5. 可湿性粉剂　乳油　悬浮剂　油剂

三、判断题

1. √　2. √　3. ×　4. √　5. ×

四、思考题

1.（1）农业防治。早春清除田间杂草和残枝落叶，集中烧毁或深埋，消灭越冬成虫和若虫。勤浇水可消灭地下的若虫，勤除草可减轻危害。（2）物理防治。利用蓟马有趋蓝色的习性，在田间设置蓝小虫粘板诱杀成虫，粘板高度与作物持平。（3）化学防治。用药要在早晨露水未干时或傍晚进行，药剂可选用 10% 吡虫啉可湿性粉剂 1 500~2 000 倍液，或啶虫脒 1 000 倍液加 2.5% 高效氯氟菊酯 1 500 倍液，每亩喷药液量不低于 30 kg。

2.（1）以保持和优化农业生态系统为基础；（2）优先采用农业措施；（3）尽量利用物理和生物措施；（4）必要时合理使用低风险农药。

3. 种植 2 年以上的田块，发病较为广泛，受害严重的植株会影响黄花菜的品质和产量。主要针对叶片进行危害。最初时出现褐色小斑点，大多出现在叶尖或叶缘，然后会沿叶脉向上下蔓延，逐渐形成褐色条斑，边缘赤褐色，中央深褐色，上密生小黑点，严重时全叶枯死。病菌可以长期存在病残体上，并可以顺利越冬，易传播，通常发生在 4 月下旬，5~6 月较重。

模块六　参考答案

一、选择题

1.A　2.D　3.C　4.B　5.A

二、填空题

1. 优先采收　稍后采收

2. 夹生　爆蕾

3. 自上而下　由外向里

4. 营养成分损失　表面硬化

5. 杀青

三、判断题

1. √　2. √　3. ×　4. ×　5. ×

四、思考题

1. 黄花菜长到充分长度，花蕾饱满，颜色黄绿，花瓣上纵沟明显，快要开花的样子，为适合采摘的花蕾，要求开放前一次收完。如果采摘过早，不仅产量低，且加工后色泽差，影响制干品的外观品质；如果采摘延迟，花蕾开放，加工成的干菜肉薄，条脆易断，色黑，营养价值低，易遭虫蛀。

2.（1）避免损伤。采收时要注意避免损伤植株和花朵，尤其是对优质未开放的花蕾。损伤的花蕾不仅影响当前的价值，还可能影响后续的开花和产量。因此，采收时要小心操作，避免过度用力或使用锐利工具。（2）分类采收。根据黄花菜的花期和品种特性，可以进行分类采收。对于盛花期的高品质品种，可以优先采收；对于处于补花期或品质稍差的花蕾，可以稍后采收。这样可以提高整体产量和质量。

3. 黄花菜的初步检测：一是手感柔软有弹性，手捏可成团，放开后很快松散，表示干燥度适宜，迟迟不散开的，表示水量过多；二是鼻嗅其味，馥郁清香者为佳，味平淡者品质稍差；三是有杂质应及时剔除。

参考文献

[1] 刘新星，欧巧明，李忠旺，等 .34 份地方食用黄花菜品质分析 [J]. 中国种业，2023（08）：48-53.

[2] 罗志勇，陈淑平，黄晓芳，等 . 湖南黄花菜主栽品种的生长发育特性和生物质积累规律 [J]. 湖南农业科学，2017（10）：15-17.

[3] 张秀丽，王斌，马玲 . 宁夏红寺堡区黄花菜产业发展对策 [J]. 宁夏农林科技，2019（11）：49-51.

[4] 李忠祥，陈勇 . 自动化农用机械深松整地作业技术的应用和探讨 [J]. 农业工程技术，2020（36）：57-58.

[5] 张丽娜 . 耕整地机械的作业现状及发展方向分析 [J]. 农机使用与维修，2022（06）：48-50.

[6] 曹立耘 . 黄花菜不同生育期的施肥 [J]. 湖南农业，2013（12）：11.

[7] 刘红文 . 农家肥腐熟的简易判断方法 [N]. 阿克苏日报（汉），2020-10-06（003）.

[8] 冯建涛，陈相辉，逄明明 . 腐熟堆肥法处理畜禽粪便技术措施分析 [J]. 家禽科学，2022（09）：38-40.

[9] 张庭发，杨进波，易小光，等 . 土壤消毒方法综述 [J]. 云南农业，2017（12）：43-45.

[10] 刘晨阳，王二欢，高成林，等 . 农田栽参土壤改良技术研究现状 [J]. 人参研究，2019（02）：37-40.

[11] 蔡砚芳，唐鹏，唐承性，等 . 土壤中 pH 值的测定方法验证 [J]. 云南化工，2023（07）：75-77.

[12] 方平 . 黄花菜的生长发育特点及施肥技术 [J]. 河南农业，2004（01）：14.

[13] 韩志平，张海霞 . 黄花菜繁殖育苗技术 [J]. 园艺与种苗，2019（01）：25-28+34.

[14] 段海涛 . 宁夏黄花菜产业发展现状及建议 [J]. 现代园艺，2023（09）：68-70.

[15] 刘婷婷 . 不同施肥灌溉方法的黄花菜效应分析 [J]. 现代园艺，2023（07）：36-38.

[16] 鲁智国 . 农田灌溉节水技术滴灌、喷灌与微喷灌的效果对比分析 [J]. 智慧农业导刊，2024（01）：31-34.

[17] 王天宇，王振华，陈林，等 . 灌排一体化工程对地下水埋深及作物生长影响的研究综述 [J]. 水资源与水工程学报，2020（04）：174-180.

[18] 岳新丽，王慧，邢宝龙，等 . 黄花菜水肥一体化高产栽培技术 [J]. 农业技术与

装备，2022（03）：166–168.

［19］韩雪松．对水稻生长后期根外追肥的作用与使用方法的探讨［J］．农民致富之友，2018（18）：81.

［20］范中菡，彭雪梅，庞攀，等．氨基酸水溶肥促进桃苗生长［J］．中南农业科技，2023（04）：11–14.

［21］朱浩东，杨小平，高玉红，等．胡麻中耕除草施肥机现状及发展趋势［J］．林业机械与木工设备，2023（01）：8–14.

［22］裴二鹏．荞麦中耕除草机的设计研究［D］．太原：山西农业大学，2022.

［23］殷仲卿，彭艳勤，张天俊．黄花菜移植栽培技术［J］．河南农业，2018（13）：14.

［24］邹钦．卫生杀虫剂的合理选择与配制［J］．中华卫生杀虫药械，2005（01）：16–18.

［25］刘畅．农药的二次稀释方法［J］．农家致富，2019（12）：29.

［26］朱韵昇．黄花菜气调包装与低温等离子体技术应用研究［D］．银川：宁夏大学，2020.

［27］郑贤利，屈国普，谢红艳，等．不同剂量辐照黄花菜保鲜研究［J］．安徽农业科学，2013（11）：5032–5033.

［28］范学钧，任考亮，李士豪，等．黄花菜保鲜与干制试验初报［J］．西北园艺，2000（06）：13–14.

［29］杨大伟．脱水黄花菜加工工艺研究［D］．长沙：湖南农业大学，2003.

［30］张欣，马明．黄花菜速冻工艺的研究［J］．冷饮与速冻食品工业，2000（02）：10–11.

［31］龚吉军．黄花菜贮藏保鲜研究［D］．长沙：湖南农业大学，2003.

［32］余铭，崔晓浔，杨公明，等．一种速冻黄花菜的制作方法：CN201210117749.5［P］.2012–07–25.

［33］佘光俊．天然黄花菜汁的生产工艺［J］．企业技术开发，2000（09）：32.

［34］李安平，黎红明，郑娟娟，等．黄花菜复合饮料的研制［J］．食品工业，2003（02）：8–9.

［35］张先淑，任飞飞．黄花菜金银花复合饮料的研制［J］．食品研究与开发，2015（24）：83–85.

［36］梁彦．黄花菜蜂蜜酸奶的研制［J］．湖北农业科学，2015（06）：1437–1439.

［37］曾维丽，刘中华，赵永敢，等，一种黄花菜红茶罐头及其制备方法：CN201410560291.X［P］.2015–01–21.

［38］周比玥．一种杏仁理肺润肺保健饼干及其制备方法：CN201510965617.1A［P］.2016–04–13.

附录

附录1　黄花菜各生育期管理方案

生育期	特征	管理途径	管理方案
苗期	定植苗或新发苗到花蕾期前，苗期较短，为 40 d 左右，属于营养生长阶段	田间管理	1. 中耕除草：中耕深度约 10 cm，除草时锄头不可距幼苗过近，以免碰伤幼苗；苗期需中耕除草 1~2 次 2. 浇水：黄花菜的苗期多处于干旱少雨季节，应及时浇水，保证土壤含水量在 60%~70%；浇水要浇透，土壤快干透时再浇第 2 次
		施肥管理	施肥工作应尽早进行，可采用穴施和沟施两种方法，每亩施复合肥 25~40 kg
		病虫害防治	可选用 15% 的三唑酮可湿性粉剂 800 倍液，或 3% 甲维高氯氟 800 倍液，或 25% 多菌灵可湿性粉剂 600 倍液，对蚜虫、红蜘蛛、叶枯病等进行预防，每隔半个月喷施 1 次，交替使用，可在苗高 5 cm、10 cm 时分别进行喷施
抽薹期	指花薹露出新叶到花蕾分化前的时期，黄花菜由营养生长阶段向生殖生长阶段转变	田间管理	抽薹期黄花菜对水分特别敏感，如缺水就会造成抽薹延迟，甚至不抽薹，影响花蕾数量、个头发育，减少黄花菜的产量。此时应充分浇水，使耕层土壤全部湿润，一般每隔 1 周浇水 1 次
		施肥管理	抽薹期黄花菜需要大量营养，一般在花薹开始抽出时和花蕾开始分化时各施肥 1 次，以施速效肥为主，每亩施尿素 15 kg、过磷酸钙 15 kg、硫酸钾 5 kg。施肥与浇水可结合进行
		病虫害防治	抽薹期是黄花菜病虫害防治的重要时期 主要病害为叶枯病。用 25% 多菌灵可湿性粉剂 600 倍液，或 15% 三唑酮可湿性粉剂 800 倍液喷雾防治，每隔 7~10 d 喷 1 次，共喷 2~3 次 主要虫害为红蜘蛛。用 1.8% 的阿维菌素乳油 4 000~5 000 倍液，或 4.5% 高效氯氟菊酯乳油 1 500 倍液喷雾防治，每隔 5~7 d 喷 1 次

续表

生育期	特征	管理途径	管理方案
花蕾期	指花薹分化出花蕾到采摘结束前的一段时间	田间管理	浇水：花蕾期在每年 6~9 月，此时正值雨季，应视雨量决定是否灌溉，保持地表湿润为好；若遇连续阴雨，要及时排除积水，减少病虫害和落蕾的发生
		施肥管理	施壮蕾肥，可提高成蕾率，防止黄花菜脱肥早衰，以延长采摘期。壮蕾肥在采摘后 5~10 d 施用，此时要大量补充营养，用含量大于 45% 的高浓度复合肥撒施，每亩用量在 45 kg 左右
		病虫害防治	及时防治叶斑病和蚜虫。用 1.8% 的阿维菌素乳油 4 000~5 000 倍液，或 4.5% 高效氯氰菊酯乳油 1 500 倍液喷雾防治，每隔 5~7 d 喷 1 次
休眠期	秋、冬季是黄花菜进行光合作用积累有机养料的重要时期	田间管理	1. 保证黄花菜的水分供应，采摘后期，叶片与花薹大部分保持绿色，制造的养分通过叶片回流到庞大根茎并被储存，用于明年的花薹和叶片生长发育 2. 保证地表干净。叶片枯黄后，将地上部分齐地割去，运出大田，可降低越冬害虫数量 3. 培土回根，保护黄花菜的地下组织顺利越冬，所用土壤要经过消毒，多为安全干净的细土 4. 深翻松土。黄花菜此时比较娇嫩，既怕涝又怕旱，在黄花菜周围深翻松土可保持土壤中的水、肥、气、热的协调
		施肥管理	每亩施腐熟猪牛粪 1 500~2 000 kg，或人粪尿 1 000 kg 以上，或饼肥 40~60 kg，或优质堆肥 2 000~2 500 kg，并配合适量磷肥
		病虫害防治	清除枯枝落叶等，可降低害虫发生

附录 2　黄花菜烹饪方法

一、黄花菜瘦肉汤

【原料】瘦肉、干黄花菜。

【调料】盐、食用油、味精、黑胡椒粉、老抽、水生粉、小麻油各适量。

【制作过程】

1. 黄花菜温水泡发，剪去花蒂，洗净；瘦肉切丝加入盐、味精、老抽、水生粉，抓匀上浆。

2. 食用油烧热，姜末炝锅，加入适量清水、黄花菜稍煮，加入盐、味精调味，用筷子放入肉丝。

3. 肉丝熟后撒入胡椒粉、葱花，淋入少许小麻油即可，成品如图 1 所示。

图 1　黄花菜瘦肉汤

【烹饪小贴士】干黄花菜有酸味，在烹制前用清水反复冲洗，或煮时加入少许糖。

二、黄花菜小炒

【原料】干黄花菜、青辣椒、豆干。

【调料】生抽、食盐、糖。

【制作过程】

1. 黄花菜泡发，洗净摘去蒂头，撕开。

2. 青辣椒、豆干切丝备用。

3. 放适量菜籽油，原料下锅翻炒，快熟的时候放入生抽、白糖，加入适量开水煮 1~2 min，成品如图 2 所示。

图 2　黄花菜小炒

三、黄花菜煲乌鸡

【原料】乌鸡、干黄花菜、枸杞、红枣。

【调料】盐、料酒。

【制作过程】

1. 干黄花菜剪去根部，然后用温水浸泡 1 h。

2. 将乌鸡切块放入锅中，倒入适量清水，加入少许料酒，大火煮出血水，捞出洗净。

3. 洗净的乌鸡放入砂锅中，加入适量清水，大火煮开后转小火慢煲 1 h。

4. 将提前浸泡好的黄花菜、姜片、红枣一同放入砂锅，小火慢煲 20 min。

5. 出锅前倒入适量枸杞，加入适量盐调味即可。成品如图 3 所示。

图 3　黄花菜煲乌鸡

四、天妇罗黄花菜

【原材料】鲜黄花菜、鸡蛋、面粉。

【调味料】鸡精、十三香、胡椒粉、盐。

【制作过程】

1. 鲜黄花菜去掉花蕊，只要花瓣，冲洗干净，可以稍微揉一揉，尽量保证花的完整性。

2. 取少许面粉，加入适量的十三香、胡椒粉、鸡精、盐，打入 1 个鸡蛋，再加水调成糊状。

3. 黄花菜放里面，裹一层面糊。

4. 下油锅炸，随时翻面，炸黄后捞出。

5. 可以复炸 5 s，会更脆。成品图如 4 所示。

图 4　天妇罗黄花菜